JN056806

数学の本質をさぐる3

関数の代数的処理・古典整数論

石谷 茂 著

現代数学社

まえがき

数学を嫌う若者が多くなる民族はやがて衰亡に向うというのが私の考えである．最近ある雑誌で同憂の士の居ることを知り一人喜んだ．数学を嫌うことは考えることを嫌うことでもある．考えることを好まない者に創造を期待することはできない．創造のないところに興隆は望めない．新しい時代を荷負う若者よ，願わくば考えることを忘れるなかれ．

私が学生の頃，数学大衆化運動というのが国際的な拡がりをもって唱えられた．特に欧米において盛んであり，ホグベン著「百万人の数学」がベストセラーとなった．その余波は日本にも及び，訳書も出版された．私はその本を読んで以来，数学の大衆化に興味をもつようになり，生涯の目標の一つに加えた．数学教育に関心をもち，ささやかながら何冊かの著書を公にしたのもそのためである．

数学の大衆化のために第一になすべきことは，難しい数学，とかく人に嫌われがちな数学を，人に愛される，やさしくて，興味のあるものに作りかえる作業である．しかし，この山は高く大きい．私はこの山を目指し，迂回路を探し，一人楽しみながらトボトボと登って来たに過ぎない．

数学をやさしくするのが難しいのは，数学には論理体系があるためでもある．この体系は数学の本質を支える大切なもので安易に見捨てるわけにはいかない．これを見捨てた読物風数学書は数学について語りながら結局は数学を見失う．それはディズニーランドを見にゆきながら，入場しないで外観を見て帰るようなものである．本書はそのような本にはならないよう念じつつ書いた．学生諸君に役に立つことを願ってペンを置く．

本書は1996年に刊行された『高校生のためのハイレベル数学Ⅲ』を，より多くの方々に親しんでただきたいと書名変更したものです.

内容は高校数学プラスアルファの知識を懇切丁寧に解説し，より高度な数学への橋渡し的な役割を果たすものです．現在の高校数学を既知とする方々に，是非お読みいただければ幸いです.

現代数学社編集部

目　次

II部　関係の代数的処理

■付録

現代における古典整数論

●目次●　第１章整数の性質　第２章素数と素因数分解　第３章１次不定方程式　第４章合同

整数論の序曲の部分の系統的な学び方は、古典的なもの、モダンなものなど、多種多様である。古典的方法は、親しみやすいが、そのままでは論理的飛躍が目ざわりである。その飛躍を極力避けようとしたために、証明のしつこいところが起きた。わずらわしいときは飛ばし、暇なとき読み返して頂けたらと思う。イデアルの概念を早期に導入したモダンなやり方もあるが、高校の数学との断絶が気になるので、途中で参考的に追加する程度にとどめた。

数学の中には、証明に向いた理論と求め方に向いた理論とがある。両者を兼ねたのがよいのにきまっているが、希望通りにもいかない。２種の理論があるということを念頭において学べば、ボンヤリ学ぶよりは興味がわき、収穫も大きいだろう。

★ 現代における古典整数論

第1章　整数の性質

はじめに　整数の基本的性質といえば，整除，約数，倍数などであろう．

これらは，小学校以来親しんで来たものではあるが，残念なことに，高校へ来ても系統的に学ぶ機会を与えられていないのが現状である．

一方，大学の数学をみると，ベクトル，行列，行列式などの線型代数に主力がそそがれ，整数論を学ぶ余裕がない．

というわけだから，整数論は盲点，空白として，いつまでも残る危険がある．

整数論は少し入り込むと，問題ごとに特殊な技巧を要し，一般論の展開の行詰ることが多い．このジャングル的様相は初等幾何に似ていよう．一見平凡な定理も，ヘルマーの問題のように，その解明の道はけわしい．その主要な原因は，整数が離散的で，１つ１つの数が個性を持っている点にあろう．

整数論の奥座敷はうす暗く，無気味であるが，入口の付近は光がさし込み，住み心地がそう悪いわけではない．とくにここで取扱う内容は玄関わきの居間のようなもので，使い慣れた系統がいくつか用意されている．古典的整数論がそれである．

この居間を現代化しようというわけで，囲炉裏をやめ，セントラルヒーティングをつけることも考えられるが，それが住み慣れた人に幸福をもたらすという保証はない．

古典的整数論は炭火の赤い囲炉裏のようなものであり，公理的整数論はセントラルヒーティングのようなものである．

公理的整数論のはしりとして，ペアノの公理があるが，入門として，余り愛用されないのは，それに続く展開の道のりが長いためであろう．

参考のために，ペアノの公理を挙げると，自然数の集合$\boldsymbol{N}$というのは，次の５つの公理をみたすものである．

公理１　$\boldsymbol{N}$は１を含む．

公理２　$\boldsymbol{N}$がxを含んでいるならば，xの後者と呼ばれるx'があって，これも$\boldsymbol{N}$に含まれる．ただしx'はxとは異なる．

公理3 Nに含まれるどのx'も1とは異なる.

公理4 xの後者とyの後者が等しいならば, x, yは等しい. すなわち

$$x'=y' \text{ ならば } x=y$$

公理5 AがNの部分集合で, 次の2つの条件をみたすならば, AとNは等しい.

(i) Aは1を含む.

(ii) Aがxを含むならば, Aは必ずx'も含む.

これらのうち公理5は, **数学的帰納法の公理**と呼ばれているもので, 数学的帰納法が証明法として信頼できるための根拠を与えている.

この公理を出発点として, 自然数1, 2, 3, ……を作り出すには, 1から出発して, $1'$を2, $2'$を3, $3'$を4で表わすというように進めばよい. それから大小関係は

$$1<2<3<\cdots\cdots$$

と定めればよいわけである.

しかし, これだけでは十分でない. このほかに, 加法+と乗法×の定義, n'は$n+1$に等しいこと, さらに計算法則

(1) 結合律

$$(a+b)+c=a+(b+c)$$

$$(ab)c=a(bc)$$

(2) 可換律

$$a+b=b+a \qquad ab=ba$$

(3) 分配律

$$a(b+c)=ab+ac$$

などが成り立つことも明らかにしなければならない.

このようにして, われわれの期待する自然数を導くだけでは, 整数論の展開には足りない. 自然数をもとにして整数を作り出すことが残っている.

このような息の長い道を, 入門の序曲であるこの講座で選んだのでは, 整数を構成するだけで予定のページ数がつきてしまう.

そこで, この講座では, 整数はどんな数から成っているかは自明と考え, さらに, その相等, 大小, 演算として加法, 減法, 乗法, さらにそれらの演算に関する基本法則はわかっているものとして話をはじめることにした.

ただし, 数学的帰納法の公理は, 数学的帰納法の証明のために, また, 整除の一意性の保証のために必要なもので, 重要な意味を持っているから, ひと通り解説を加えた.

しかし, この部分は, 入門の序曲としては無理な点があるから, 先を急ぐ方は§1と§2をとばして頂きたい. そのためにあとで困るようなことは起きない.

§1　整　　数

自然数とは

$$1,\ 2,\ 3,\ 4,\ \cdots\cdots$$

のことで，この無限の数の集合を$\boldsymbol{N}$で表わすことにする．

整数は

$$\cdots\cdots,\ -3,\ -2,\ -1,\ 0,\ 1,\ 2,\ 3,\ \cdots\cdots$$

のことで，この無限の数の集合を$\boldsymbol{Z}$で表わすことにする．

自然数$\boldsymbol{N}$は整数$\boldsymbol{Z}$の真部分集合で，**正の整数**ともいう．

$$\text{整数}\begin{cases}\text{正の整数（自然数）} & 1,\ 2,\ 3,\ \cdots\cdots \\ \text{零} & 0 \\ \text{負の整数} & -1,\ -2,\ -3,\ \cdots\cdots\end{cases}$$

正の整数と零とを合わせたものは，**非負の整数**ということがある．

整数$\boldsymbol{Z}$は加法,減法,乗法について閉じている．すなわち

$$a\in\boldsymbol{Z},\ b\in\boldsymbol{Z}\ \text{ならば}\ a+b\in\boldsymbol{Z},\ a-b\in\boldsymbol{Z},\ ab\in\boldsymbol{Z}$$

しかも，加法,乗法については，結合律,可換律,分配律が成り立つことも自明としよう．

整数のうち，0と1は特殊な数であって，任意の整数aに対し

$$a+0=0+a=a,\qquad a\times 0=0\times a=0$$
$$a\times 1=1\times a=a$$

が成り立つことは，特に注意しなければならない．

大小関係としては

$$a-b\ \text{が正のとき}\quad a>b$$

をとれば十分である．

このほかに，次の公理を追加する．

数学的帰納法の公理

$\boldsymbol{N}$の部分集合Sが，次の2つの条件をみたすならば，Sは$\boldsymbol{N}$に等しい．

(i)　Sは1を含む．すなわち $1\in S$

(ii)　nがSの元ならば，$n+1$ もSの元である．すなわち

$$n\in S\ \text{ならば}\ n+1\in S$$

数学的帰納法というのは，自然数 n についての命題関数 $p(n)$ が，すべての自然数について成立することを証明するのに，次の (1),(2) を明らかにするものであった．

(1)　$p(1)$ は成り立つ．

(2)　$p(n)$ が成り立つとすると，$p(n+1)$ も成り立つ．

$p(n)$ を成り立たせる自然数 n の集合を S としてみると，S は明らかに $\boldsymbol{N}$ の部分集合で，

(1) は，1 が S に属すること，すなわち　公理の (i)

(2) は，$n \in S$ ならば $n+1 \in S$ となること，すなわち　公理の (ii)

を明らかにしたことになる．したがって，公理によって S は $\boldsymbol{N}$ に等しい．S が $\boldsymbol{N}$ に等しいことは，$p(n)$ が成り立つ n の集合が $\boldsymbol{N}$ になること，見方をかえれば，$p(n)$ は任意の自然数について成り立つことである．

参考に，数学的帰納法の例を１つ挙げてみる．

例１　α が正の実数のとき

$$(1+\alpha)^n \geqq 1+n\alpha \qquad ①$$

は，すべての自然数 n について成り立つことを証明する．

上の解説の命題関数 $p(n)$ にあたるのが，不等式 ① 自身である．

(1)　$n=1$ のとき $(1+\alpha)^1 \geqq 1+1\cdot\alpha$ は成り立つ．

(2)　n のとき ① が成り立ったとすると，

$$\begin{aligned}(1+\alpha)^{n+1} &= (1+\alpha)^n(1+\alpha)\\ &\geqq (1+n\alpha)(1+\alpha) = 1+(n+1)\alpha+n\alpha^2\\ &\geqq 1+(n+1)\alpha\end{aligned}$$

となって，$n+1$ のときも成り立つ．

よって，① は n が任意の自然数のとき成り立つ．

×　　　　　　　　×

数学的帰納法の公理は，次の定理と同値であることを明らかにしておく．

[1]　自然数の集合 A は空集合でないならば，A には最小数がある．

すなわち

$A \subset \boldsymbol{N}$, $A \neq \phi$ ならば　A には最小数がある．

２つの場合に分けて証明する．この証明は，この種の証明に慣れておればやさしいが，高校流とは異なるので，はじめての方には抵抗があろう．無理であ

ったら，とばして頂きたい．

数学的帰納法の公理 ⇒ [1]，の証明

N の空でない集合を A とし，A には最小数があることを示そう．

A のどの数をも越さない自然数の集合を S としよう．もし A に最小値 m があったとすると，その m は A にも S にも属し，$m+1$ は S には属さないはずである．「m が S に属し，$m+1$ は S に属さない．」そのような m が S に存在することを示すのに数学的帰納法の公理が役に立つのである．この予想のもとで証明にはいる．

A の任意の数 a に対して $1 \leqq a$ だから

$$1 \in S \qquad ①$$

次に，仮定により A は空集合でないから，1つの数を含む，その数を a とすると $a < a+1$ だから，$a+1$ は S には属さない．したがって

$$S \neq N$$

① のもとで，S に数学的帰納法の対偶をあてはめると

$$S \neq N \rightarrow m \in S \text{ で，かつ } m+1 \notin S \text{ なる } m \text{ が存在する}$$

となる．

この m は A に属することを示せばよい．

もし m が A に属さないとすると，A のすべての数 a に対して

$$m < a \qquad \therefore \quad m+1 \leqq a$$

$$\therefore \quad m+1 \in S$$

となって，$m+1 \notin S$ に矛盾する．

$$\therefore \quad m \in A \qquad ②$$

一方，$m \in S$ だから，A のすべての数 a に対して

$$m \leqq a \qquad ③$$

② と ③ から m は A の最小数である．

[1] ⇒ 数学的帰納法の公理，の証明

N の部分集合で，公理の (i), (ii) をみたすものを S とし，S は N に等しいことを示せばよい．それには S の補集合を S^c とし，S^c が空集合であることを示せばよい．

もし，$S^c \neq \phi$ とすると，定理 [1] によって，S^c には最小数が存在する．その最小数を m としよう．

Sは公理の(i)をみたすから1を含む．したがってS^cの数mは2以上であるから$m-1$もまた自然数で，$m-1$はmより小さいから，S^cには属さない．したがって，$m-1$はSに属する．

$m-1 \in S$ ならば，仮定(2)によって

$$(m-1)+1=m \in S$$

これは$m \in S^c$に反する．

$$\therefore \quad S^c=\phi \qquad \therefore \quad S=N$$

×　　　　　　　　　　×

自然数の集合に最小値があることは，あたり前過ぎてピンとこないという人がいるかも知れないが，実際はそうでもない．整数の集合でみれば

$$\{-2, -4, -6, \cdots\cdots\}$$

には最小値がない．また，有理数の集合でみると，たとえば

$$2<x<5$$

をみたす有理数の集合では，2にいくらでも近い分数が存在するので，最小値がない．こうみると，定理[1]は，自然数の集合を特徴づける重要な性質であることが納得できよう．

×　　　　　　　　　　×

定理[1]は自然数について述べられているが，少し修正するだけで整数の場合へ拡張できる．

整数の集合Sの任意の数xが，ある整数kよりも小さくないならば

$$k \leqq x$$

両辺に$-k+1$を加えると

$$1 \leqq x-k+1$$

したがって，$x-k+1$の集合S'を考えると，S'は自然数の集合だから最小値mがある．そして

$$x-k+1=m \text{ から } \quad x=m+k-1$$

$m+k-1$はSの最小値になることが容易に証明できよう．

[2]　整数の集合Sのすべての数が，ある整数kよりも小さくないならば，Sには最小値がある．

この定理は，いいかえれば，下に有界な整数の集合には最小値があるということ．

×　　　　　　　　×

この定理を足がかりとして，さらにアルキメデスの公理を導いておこう．

[3]　aを正の整数，bを整数とすると，aを何倍かすれば必ずbを超える．すなわち

$$b<xa$$

をみたす整数xが存在する．　　　（アルキメデスの公理）

仮定によって $a>0$ だから

$$1\leqq a \qquad ①$$

$b>0$ のとき

bより大きいxをとれば　　　$b<x$　　　②

xは正だから①の両辺にxをかけて

$$x\leqq xa \qquad ③$$

②と③から　　　$b<xa$

$b\leqq 0$ のとき

$a>0$ だから　　　$b<a$

$$\therefore \quad b<a\cdot 1$$

よってbの符号に関係なく $b<xa$ をみたすxがある．

§2　整　　除

高校にならい，正の整数による整除から話をはじめよう．

[4]　aを整数，bを正の整数とするとき

$$a=bq+r \qquad 0\leqq r<b$$

をみたす整数q, rがただ1組定まる．　　　（整除の一意性）

よく知られた定理で，証明ぬきで先へすすむことが多い．ここでは，せっかく予備知識を整えたのだから，省略するわけにいかない．

定理の証明は，(q, r) が少なくとも1つ存在することの証明と，(q, r) は2組以上ないことの証明に分けて考えるのがよい．

<u>少なくとも1組存在することの証明</u>

上の式からrを消去し，さぐりを入れよう．

$$0\leqq a-bq<b$$

$$bq \leqq a < b(q+1)$$

この式は，$q+1$ が，$a<bx$ をみたす x の最小値であることを表わしている．したがって，$a<bx$ をみたす x の最小値があることを明らかにすればよい．それには，$a<bx$ をみたす整数 x の集合 A は空でなく，しかも，下に有界であることをいえばよい．

定理[3]によって A は空でないから，下に有界であることを示せば十分である．

$a \geqq 0$ のとき　$0 \leqq a < bx$ から

$$0 < x \qquad ①$$

$a<0$ のとき　$b>0$ から　$b \geqq 1$

この両辺に負の数 a をかけて　$ab \leqq a$

これと $a<bx$ とから　$ab<bx$

$$\therefore \quad a < x \qquad ②$$

①と②から，A は下に有界である．

定理[2]により A には最小数がある．それを $q+1$ とすれば

$q+1$ は $a<bx$ をみたし，q は $a<bx$ をみたさないから

$$bq \leqq a < b(q+1)$$

$$\therefore \quad 0 \leqq a-bq < b$$

ここで $a-bq=r$ とおくと

$$a=bq+r, \qquad 0 \leqq r < b$$

<u>2組以上存在しないことの証明</u>

上の求め方であると (q, r) の値は1組であるが，求め方はこのほかにもあるかもしれないから，解が2組以上ないことは証明してみないことには明らかでない．

2組あったとし，それを $(q_1, r_1), (q_2, r_2)$

$$a=bq_1+r_1=bq_2+r_2$$

$$b(q_1-q_2)=r_2-r_1$$

$$\therefore \quad b|q_1-q_2|=|r_2-r_1| \qquad ①$$

しかも $0 \leqq r_1 < b$，$0 \leqq r_2 < b$ であるから

$$0 \leqq |r_2-r_1| < b \qquad ②$$

もし $|q_1-q_2| \neq 0$ とすると①から $|r_2-r_1| \geqq b \geqq 1$ となって②に反する．した

がって $|q_1-q_2|=0$　∴ $|r_2-r_1|=0$

$$q_1=q_2,\ \ r_1=r_2$$

これは $(q_1, r_1)\neq(q_2, r_2)$ に矛盾する．解は2組以上存在しない．

例1　39, −25 を 7 で割ったときの商と余りを求めよ．

39 を 7 で割るのは小学校で習った通り．

$$39=7\times5+4 \qquad (q, r)=(5, 4)$$

−25 を 7 で割るときは，まず 25 を 7 で割って

$$25=7\times3+4$$

$$-25=-7\times3-4$$

これをかきかえる．

$$-25=-7\times3-7+7-4$$

$$-25=7\times(-4)+3 \qquad (q, r)=(-4, 3)$$

$$\begin{array}{r} -4 \\ 7\,\overline{)\,-25} \\ -28 \\ \hline 3 \end{array}$$

右のように筆算形式で直接求めることもできる．

×　　　　×

整除は負の数で割る場合へも拡張できる．したがって，一般には，割る数は0でない整数であればよく，このときも整除の一意性は健在である．

[5]　a を整数，b を 0 でない整数とすれば

$$a=bq+r, \qquad 0\leqq r<|b|$$

をみたす整数 q, r がただ1組定まる．　　　（整除の一意性）

$b>0$ のときは[4]で明らかにしたから，$b<0$ のときを証明すれば十分である．

b が負のときは $-b$ は正であるから，a を $-b$ で割ると

$$a=(-b)q'+r', \qquad 0\leqq r'<-b$$

をみたす (q', r') がただ1組求まる．

b は負だから $-b$ は $|b|$ に等しい．よって，上の式から

$$a=b(-q')+r', \qquad 0\leqq r'<|b|$$

例2　61, −39, −63 を −7 で割ったときの商と余りを求めよ．

筆算形式を負の場合へ拡張して用いる．

$$61=(-7)\times(-8)+5, \qquad 0\leqq5<|-7|$$

$$(q, r)=(-8, 5)$$

$$-39=(-7)\times6+3, \qquad 0\leqq3<|-7|$$

$$(q, r)=(6, 3)$$

$$\begin{array}{r} -8 \\ -7\,\overline{)\,61} \\ 56 \\ \hline 5 \end{array} \qquad \begin{array}{r} 6 \\ -7\,\overline{)\,-39} \\ -42 \\ \hline 3 \end{array}$$

$$-63=(-7)\times9+0,\qquad 0\leqq0<|-7|$$
$$(q,r)=(9,0)$$

§3 約数と倍数

前の2つの章をとばして読んだ場合のことを考慮し，整除の一意性の定理を再録しよう．

[5] a を整数，b を **0でない**整数とすれば

$$a=bq+r,\qquad 0\leqq r<|b|$$

をみたす整数の組 (q,r) がただ1つ定まる． **(整除の一意性)**

この定理によって，任意の整数の組 (a,b) にただ1つの整数の組 (q,r) が対応する．すなわち

$$\mathbb{Z}\times\mathbb{Z}\ \text{から}\ \mathbb{Z}\times\mathbb{Z}\ \text{への写像}$$

が定まる．この写像を演算とみて**整除**といい，a を b で割ったときの**商**は q，**余り**（剰余）は r であるという．

とくに $r=0$ のときは，a,b の間に

$$a=bq,\qquad b\neq0 \tag{①}$$

なる等式が成り立つ．この等式で表わされる a,b の関係のいい表わし方は，次のように3通りある．

(1) a は b で**割り切れる**．

(2) a は b の**倍数**である．

(3) b は a の**約数**（**因数**）である．

いずれも，同じ関係の別表現とみられる．三上章氏の文法論によるならば，(1),(2) は，a を主題とする表現であり，(3) は b を主題とする表現ということになろう．記号論理でみると，いずれの場合にも a,b は主語で，その他の部分は述語である．(1),(2) の差は述語が異なるに過ぎない．

➡**注** 約数と因数を区別する人もおるが，最近は同じ意味に用いた本が多い．因数のもともとの意味は，$a=pqr$ のとき，a の因数は p,q,r であるといった使い方で，因数の積は a に等しくなるわけである．このような微妙な区別で苦労するのはどうかと思うので，この講座では重視しなかった．

(1),(2),(3) の関係，すなわち ① のとき

$$b \mid a$$

で表わす．すなわち

$$a=bq,\ b\neq 0 \iff b \mid a$$

記号 $b \mid a$ では，b は0でないが，a は0でもよい．

たとえば

$$3 \mid 12 \qquad -6 \mid 24 \qquad -7 \mid -14 \qquad 5 \mid 0 \qquad -3 \mid 0$$

なお，$b \mid a$ の否定は

$$b \nmid a$$

で表わすことにしよう．

たとえば

$$3 \nmid 7 \qquad -6 \nmid 8 \qquad 0 \nmid 5 \qquad -12 \nmid -16 \qquad 0 \nmid 0$$

×　　　　×

約数，倍数の性質を基本的なものから挙げてみる．

[6]　a, b が k の倍数ならば，$a+b$ も k の倍数である．すなわち

$$k \mid a,\ k \mid b \Longrightarrow k \mid a+b$$

a, b が k の倍数ならば $a=a'k,\ b=b'k$ をみたす整数 a', b' があるから

$$a+b=a'b+b'b=(a'+b')k$$

$a'+b'$ は整数であるから $a+b$ は k の倍数である．

[7]　a が k の倍数で，p が整数ならば pa は k の倍数である．すなわち

$$k \mid a \Longrightarrow k \mid pa$$

a が k の倍数ならば $a=a'k$ をみたす整数 a' がある．そこで

$$pa=p(a'k)=(pa')k$$

pa' は整数だから，pa は k の倍数である．

これら2つの定理から，次のレンマが導かれる．

[8]　a, b が k の倍数で，p, q が整数ならば

$$pa+qb$$

は k の倍数である．

一般に $a_1, a_2, \cdots\cdots, a_n$ が k の倍数で $p_1, p_2, \cdots\cdots, p_n$ が整数ならば

$$p_1a_1+p_2a_2+\cdots\cdots+p_na_n$$

は k の倍数である．

なお[7]は，いいかえれば，次の定理と大差ない．

[9] a が b の倍数で，b が c の倍数ならば，a は c の倍数である．

すなわち

$$c\,|\,b,\ b\,|\,a \Longrightarrow c\,|\,a$$

× ×

いくつかの整数 $a, b, \cdots\cdots$ に共通な約数を，それらの数の**公約数**という．

たとえば12,18では，1,2,3,6のほかに，負の数 $-1, -2, -3, -6$ も公約数である．負の数を忘れないように．

$0=k\cdot 0$ だから，0でないどんな整数も0の約数になる．したがって $a=0$ ならば，a の約数は無数にある．しかし，$a \neq 0$ ならば a の約数は，$|a|$ より大きくないから，有限個しかない．

$a, b, \cdots\cdots$ の中に0でないものがあれば，これらの公約数は有限個だから，その中に最大のものがある．これを $a, b, \cdots\cdots$ の**最大公約数**といい

$$(a, b, \cdots\cdots)$$

で表わす．最大公約数はつねに正の整数であることに注意されたい．

➡**注** 最大公約数 (greatest common measure) を略して g.c.m. または G.C.M. とかく．

たとえば

$$(12, 18)=6, \quad (-9, 15)=3, \quad (-21, -35)=7$$

とくに，2つの整数 a, b が0でなく，しかも $(a, b)=1$ のとき，a と b は**互いに素**であるという．

例1 a, b が0でないとき，これらを (a, b) で割った商をそれぞれ a', b' とすれば，a', b' は互いに素であることを証明せよ．

$(a, b)=g$ とおくと

$$a=a'g, \qquad b=b'g$$

$(a', b')=1$ でないとすると $(a', b')=g'$ とおけば $g'>1$

a', b' を g' で割った商を a'', b'' としてみよ．

$$a'=a''g', \qquad b'=b''g'$$

よって $\qquad a=a''\cdot gg', \quad b=b''\cdot gg'$

gg' は a, b の公約数で，しかも $g'>1$ だから $gg'>g$ となり，g は a, b の最大公約数であることに矛盾する．

$$\therefore \quad (a', b')=1$$

× ×

いくつかの整数 $a, b, \cdots\cdots$ の共通な倍数を，それらの数の**公倍数**という．

たとえば $-4, 6$ の公倍数は $0, \pm 12, \pm 24, \pm 36$ などである．0を含めることに注意しよう．

$a, b, \cdots\cdots$ の中に0でないものがあれば，それらの公倍数のうち，正のものについてみると，それらの集合は自然数の部分集合で，しかも空でないから，最小のものがある．それを $a, b, \cdots\cdots$ の**最小公倍数**といい，

$$\{a, b, \cdots\cdots\}$$

で表わす．最小公倍数も正の数であることに注意しよう．

たとえば

$$\{2, 3\}=6,\quad \{-4, 6\}=12,\quad \{12, -18, -30\}=180$$

➡**注** 最小公倍数 (least common multiple) を略して l.c.m. または L.C.M. で表わす．

× ×

最小公倍数に関する定理のうち基本になるものを挙げる．

[10] $a, b, \cdots\cdots$ の公倍数 m は，それらの最小公倍数 l の倍数である．

m を l で割ったときの余りが0になることをいえばよい．整除の一意性によって

$$m=lg+r, \qquad 0 \leqq r < l$$

をみたす g, r がある．これより

$$r=m-lg$$

m, l は $a, b, \cdots\cdots$ の公倍数であるから，$m-lg$ すなわち r は $a, b, \cdots\cdots$ の公倍数である．そこで，もし，$r \neq 0$ とすると，r は正で，しかも，l よりも小さい公倍数になる．これは，l が正で最小の公倍数であることに矛盾する．したがって $r=0$

$$\therefore \quad m=lg$$

m は l の倍数である．

× ×

同様の定理は，最大公約数についても成り立つ．

[11] $a, b, \cdots\cdots$ の公約数 d は，それらの最大公約数 g の約数である．

簡単に証明できそうで，やってみるとむずかしい．もし，d が g の約数ならば，d, g の最小公倍数は g になる．逆に d, g の最小公倍数が g ならば，d が g

の約数になることは明らか．すなわち

$$\{d, g\}=g \iff d \mid g$$

この応用を試みる．それには $\{d, g\}=l$ とおいて，$l=g$ を証明すればよい．$\{d, g\}=l$ とおくと

$$g \leqq l \qquad ①$$

よって $l \leqq g$ を証明すればよい．

a は d, g の倍数だから，前の定理 [10] によって，a は d, g の最小公倍数 l の倍数であるから

$$l \mid a$$

全く同じ理由で $l \mid b$，$l \mid c, \cdots\cdots$ となるから，l は $a, b, c, \cdots\cdots$ の公約数である．したがって

$$l \leqq g \qquad ②$$

① と ② から $l=g$，よって $\{d, g\}=g$

$$\therefore \quad d \mid g$$

× ×

2数の場合には，最大公約数と最小公倍数との間に特殊な関係が成り立つ．それが次の定理で，応用も広い．

[12] 0と異なる正の整数 a, b の最大公約数を g，最小公倍数を l とすれば $ab=gl$ である．すなわち

$$(a, b)=g, \ \{a, b\}=l \implies ab=gl$$

である．

g は a, b の最大公約数だから $a=a'g$，$b=b'g$ とおくと

$$(a', b')=1 \qquad ①$$

$ab=gl$ を証明するには $a'g \cdot b'g=gl$ すなわち $a'b'g=l$ を証明すればよい．それには $a'b'g=k$ とおいて，$k=l$ を証明すればよい．

$a'b'g=k$ とおくと，$k=ab'=a'b$ であるから，k は a, b の公倍数である．したがって定理 [10] によって，k は l の倍数であるから $k=lh$ とおくと

$$lh=ab'=a'b$$

l は a, b の倍数だから

$$l=aa''=bb''$$

とおくと，上の式から

$$b'=a''h,\quad a'=b''h$$

したがって，h は a',b' の公約数である．ところが①により，a',b' は互いに素だから $h=1$ でなければならない．よって $k=l$ となって，証明された．

この定理から，次のレンマが導かれる．

[12′]　0と異なる正の整数 a,b の最大公約数を g，最小公倍数を l とし，$a=a'g$，$b=b'g$ とおくならば

$$l=a'b'g$$

例2　2つの正の整数 a,b $(a\geqq b)$ の最大公約数が6で，最小公倍数が120であるとき，2数 a,b を求めよ．

6は a,b の最大公約数であるから

$$a=6a',\quad b=6b'\quad (a'\geqq b'>0)$$

いとおくと，a',b' は互いに素である．

定理[12]によると $ab=gl$ であるから $6a'\cdot 6b'=6\times 120$

$$a'b'=20$$

a',b' は互いに素であることを考慮して，20を互いに素なる2数の積に分けて

$$(a',b')=(20,1),\ (5,4)$$

$$\therefore\quad (a,b)=(120,6),\ (60,24)$$

×　　　　×

以上の予備知識があれば，高校以来たびたび用いて来た次の定理が証明される．

[13]　ab が c で割り切れ，b と c が互いに素ならば，a は c で割り切れる．すなわち

$$c\mid ab,\ (b,c)=1 \Longrightarrow c\mid a$$

前の定理[12]を用いた証明をあげよう．

$c\mid a$ を証明するには $bc\mid ab$ を証明すればよい．

ところが，b,c の最大公約数を g，最小公倍数を l とすると，[12]によって $bc=gl$，一方 b,c は互いに素だから $g=1$

$$\therefore\quad bc=l$$

よって

$$l\mid ab \qquad ①$$

を証明すればよい．

仮定によれば，ab は c の倍数であり，ab は b の倍数でもあるから，ab は b,c の公倍数である．したがって定理[10]によって，①は正しい．

[14] c は a,b でそれぞれ割り切れ，かつ，a,b が互いに素ならば，c は ab で割り切れる．すなわち

$$a\,|\,c,\ b\,|\,c,\ (a,b)=1 \implies ab\,|\,c$$

証明には[13]を用いればよい．

c は a で割り切れるから $c=c'a$ とおくと，仮定により $c'a$ は b で割り切れる．ところが a と b は互いに素であるから，[13]によって c' は b で割り切れる．よって $c'=c''b$ とおくと

$$c=c'a=c''ab$$

となり，c は ab で割り切れる．

例3 連続3整数の積は6で割り切れることを証明せよ．

連続3整数は，最小の整数を n とすると

$$N=n(n+1)(n+2)$$

で表わされる．

$6=2\times3$ で3と2は互いに素だから，N が6で割り切れることを証明するには，6は2,3でそれぞれ割り切れることを示せばよい．

$2\,|\,N$ の証明

n を偶数のときと奇数のときに分ける．

$n=2m$ のとき　$N=2m(2m+1)(2m+2)$　　$\therefore\ 2\,|\,N$

$n=2m+1$ のとき　$N=(2m+1)2(m+1)(2m+3)$　　$\therefore\ 2\,|\,N$

$3\,|\,N$ の証明

n を3で割ったときの余りで分ける．

$n=3m$ のとき　$N=3m(3m+1)(3m+2)$　　$\therefore\ 3\,|\,N$

$n=3m+1$ のとき　$N=(3m+1)(3m+2)\cdot3(m+1)$　　$\therefore\ 3\,|\,N$

$n=3m+2$ のとき　$N=(3m+2)\cdot3(m+1)(3m+4)$　　$\therefore\ 3\,|\,N$

よって N は $2\times3=6$ で割り切れる．

定理[14]を一般化すれば，次の定理になる．

[15] c が a,b でそれぞれ割り切れるならば，c は a,b の最小公倍数で割り切れる．すなわち

$$a \mid c,\ b \mid c \Longrightarrow \{a,b\} \mid c$$

前の定理に帰着させることを考える．

$(a,b)=g$ とおくと

$$g \mid a,\ a \mid c \quad \text{から} \quad g \mid c$$

よって　$a=a'g,\ b=b'g,\ c=c'g$ とおけば

$$a'g \mid c'g,\ b'g \mid c'g \qquad \therefore\ a' \mid c',\ b' \mid c'$$

ところが a', b' は互いに素であるから[14]によって

$$a'b' \mid c'$$

$$\therefore\ a'b'g \mid c'g$$

ところが $\{a,b\}=l$ とおくと[12′]によって $a'b'g=l$ であったから

$$l \mid c$$

たとえば N が 24 で割り切れることを証明するのに $24=4\times6$ に目をつけ，N は 4, 6 でそれぞれ割り切れることを証明したとすれば，この推論は正しくない．証明したことは N が

$$\{4,6\}=12$$

で割り切れることを示したに過ぎない．

§4　ユークリッド互除法

最大公約数の求め方として，素因数分解を用いることは，小学校以来親しまれているが，その理論は次の章にゆずり，ここではユークリッドの互除法について解説しよう．

ユークリッド互除法の基礎になる考え方は，次の定理である．

[16]　0でない2数 a,b の最大公約数は，n が整数のとき $a-nb$，b の最大公約数に等しい．すなわち

$$(a,b)=(a-nb,b)$$

これを証明するには $(a,b)=g$，$(a-nb,b)=g'$ とおいて $g=g'$ を証明すればよい．g, g' は正だから，そのためには

$$g \mid g',\ g' \mid g$$

を証明すれば十分である．

g は a,b の約数だから，g は $a-nb$ の約数である．したがって，g は $a-nb$,

b の約数であるから[11]によって

$$g \mid g'$$

g' は $a-nb, b$ の約数だから，g' は $(a-nb)+nb=a$ の約数である．したがって g' は a, b の約数であるから[11]によって

$$g' \mid g$$

よって目的が達せられた．

× ×

上の定理を反復することによって，2数の最大公約数が求められる．

たとえば，2つの整数 112, 35 の最大公約数を求めるのであったら

$$(112, 35)=(112-35\times 3, 35)=(7, 35)=7$$

また，48, 249 の最大公約数のときは

$$(48, 249)=(48, 249-48\times 5)=(48, 9)$$
$$=(48-9\times 5, 9)=(3, 9)=3$$

同様にして

$$(43, 25)=(43-25, 25)=(18, 25)=(18, 25-18)$$
$$=(18, 7)=(18-7\times 2, 7)=(4, 7)$$
$$=(4, 7-4\times 2)=(4, -1)=1$$

要するに，2数を小さくすればよい．それには $a-nb$ における n を，a を b で割ったときの商にとるのが1つの方法である．そこで，次のレンマに達する．

[16′] a, b が正の整数のとき，a を b で割ったときの余りを r とすれば

$$(a, b)=(r, b)$$

証明には，a を b で割ったときの商を q として，$a-bq=r$ を用いればよい．[16]によって

$$(a, b)=(a-bq, b)=(r, b)$$

× ×

定理[16′]を反復利用することによって，最大公約数を用いるのが，ユークリッドの互除法である．

a, b が0でないとき，たとえば

a を b で割ったときの余りを r_1, $\quad 0\leqq r_1<b$

b を r_1 で割ったときの余りを r_2, $\quad 0\leqq r_2<r_1$

r_1 を r_2 で割ったときの余りを r_3 　　　$0 \leqq r_3 < r_2$

r_2 を r_3 で割ったときの余りを r_4 　　　$0 \leqq r_4 < r_3$

とすると [16′] によって

$$(a, b) = (r_1, b) = (r_1, r_2) = (r_3, r_2) = (r_3, r_4)$$

なお，不等式から

$$b > r_1 > r_2 > r_3 > r_4 \geqq 0$$

余りは次第に小さくなるから，上のような整除を反復すると，やがて余りは0になる．たとえば $r_4 = 0$ であったとすれば

$$(a, b) = (r_3, 0) = r_3$$

となって，r_3 は a, b の 最大公約数であることがわかる．つまり，0になる余りの1つ手前の余りが最大公約数である．

例1　2数 3723, 1679 の最大公約数と最小公倍数を求めよ．

最大公約数を g，最小公倍数を l とすると

```
              2
1679 ) 3723
       3358        4
        365 ) 1679
              1460       1
               219 ) 365
                     219       1
                     146 ) 219
                           146      2
                            73 ) 146
                                 146
                                   0
```

$$g = 73$$

次に $gl = ab$ から

$$l = \frac{ab}{g} = \frac{3723 \times 1679}{73} = 51 \times 1679$$

$$= 85629$$

答　G.C.M. 73,　　L.C.M. 85629

×　　　　　　×

さらに，3数の最大公約数や最小公倍数を求めるには，2数の最大公約数や最小公倍数を求めることを反復すればよい．その根拠を与えるのが，次の定理である．

[17]　　$(a, b, c) = ((a, b), c)$，$\{a, b, c\} = \{\{a, b\}, c\}$

この証明，および，4数以上への拡張は読者におまかせしよう．

練習問題 1

問題

1. 空でなく，上に有界な整数の集合Aには，最大値があることを，定理[1]を用いて証明せよ．

2. 連続4個の整数の積は
$$4!=4\cdot3\cdot2\cdot1$$
で割り切れることを，数学的帰納法によって証明せよ．

3. nが1より大きい奇数のとき
$$N=n^3-n$$
は24の倍数であることを証明せよ．

4. p,q,r,sは整数で
$$ps-qr=1$$
のとき，a,bの最大公約数と$pa+qb$，$ra+sb$の最大公約数とは等しいことを証明せよ．

5. a,b,cが素数のとき
$$(a,b,c)=((a,b),c)$$
であることを証明せよ．

6. a,b,cが素数のとき$(a,b)=1$，$(b,c)=1$ ならば
$$(a,c)=1$$
であるといってよいか．

7. a,bは0でない整数で
$$a|b,\ b|a$$
のとき，$a=\pm b$ であることを証明せよ．

ヒントと略解

1. 集合Aのすべての数の符号をかえた数の集合をBとせよ．Bは下に有界だから最小値mがある．$-m$はAの最大値になることを示せ．

2. $f(n)=n(n+1)(n+2)(n+3)$ とおく．
$f(n+1)-f(n)=4(n+1)(n+2)(n+3)$
よって$f(n)$が$4!$で割り切れるときは，$f(n+1)$は $4\cdot3!=4!$ で割り切れる．

3. $n=2m+1$ を代入すれば
$N=(n-1)n(n+1)=4\cdot m(m+1)(2m+1)$ は$4\cdot2!=8$の倍数である．またNは連続3整数の積だから3の倍数．$(3,8)=1$だからNは$3\times8=24$の倍数．

4. $(a,b)=g$，$(pa+qb,\ ra+sb)=g'$ とおく．gは$pa+qb$，$ra+sb$の公約数だから$g|g'$，次にg'は$s(pa+qb)-q(ra+sb)=(ps-qr)a=a$の約数，同様にして$g'$は$b$の約数だから$g'$は$a,b$の公約数，　$\therefore\ g'|g$　$\therefore\ g=g'$

5. $(a,b,c)=g$，$((a,b),c)=g'$ とおいて $g|g'$，$g'|g$を示し，$g=g'$ を導く．

6. いえない．たとえば$a=2$，$b=3$，$c=4$ とすると $(a,b)=1$，$(b,c)=1$ であるが，$(a,c)=2$ になる．

7. $a|b$ から $b=ah$，$b|a$ から $a=bk$
$\therefore\ a=ahk$，$hk=1$，よって $h=k=1$ または $h=k=-1$

第2章　素数と素因数分解

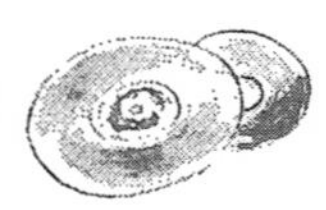

はじめに　整数は個性豊かな数の集団である．古代人もこれには興味を持ったらしく，数についての迷信と縁起かつぎは現代も続いておる．ピタゴラス学派は，○を並べることによって数を形相としてつかんだらしく，1,4,9,25,…… のように，○を正方形に並べて表わされるものを4角数，1,3,6,……のように正三角形に並べて表わされるものは三角数など

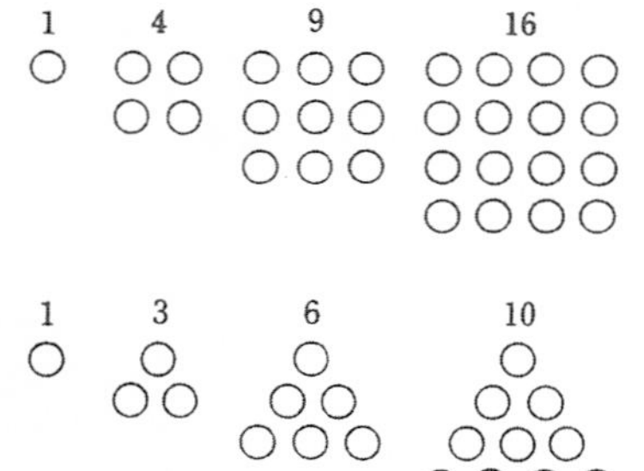

と呼んだようである．これも数の個性のとらえ方ではあるが，理論的発展に乏しく，初期の自然哲学的産物に過ぎない．

数の個性のとらえ方として理論的に重要なのは，素数，合成数の見方で，その理論のもとになるのが，自然数の素因数分解の一意性である．この定理は，いかにも当たり前のように思われるが，実際はそうでない．ガウス整数

$$a+bi \qquad (a,b\in\mathbb{Z})$$

などのように，整数の概念を拡張すると，素因数分解の一意性はくずれることが起きるのである．

素数にはいろいろの話題があり，話題そのものは誰にでもわかる程度にやさしいのだが，その証明となると，とほうもなくむずかしいことが多く，いまだに解決されないものが多い．

(3,5)，(5,7)，(11,13) のように連続した奇数の素数を双子素数というのだが，これが無限にあることは，まだ証明されていない．

また 6=3+3，8=3+5，10=3+7 のように偶数は2つの素数の和として表わされることも予想されるが，これも証明されていない．

素因数分解の応用としては初歩的な整数論関数への応用に主眼を置いてみた．

§1 素数と合成数

個々の自然数はそれぞれ個性をもっている．この個性をみるもっとも基本的方法が素因数分解である．素因数分解を明らかにするには，まず，素数を明らかにしなければならない．

ここでは自然数のみを取扱うから，約数，倍数なども自然数のみを考える．

自然数を約数の個数でみると，1は特異なもので，1以外に約数がない．2の約数は1と2，3の約数は1と3，5の約数は1と5である．このように1以外の自然数のうちで，1とその数自身以外には約数のないものを**素数**という．したがって素数の約数の個数は2である．

自然数のうち，1でも素数でもないものを**合成数**という．したがって合成数は3つ以上の約数をもっている．

たとえば，4の約数は1,2,4の3つ，6の約数は1,2,3,6の4つ，8の約数は1,2,4,8の4つであるから，4,6,8は合成数である．

以上によって自然数は次の3つに分類されることがわかった．

自然数
- 約数が1つのもの……………1
- 約数が2つのもの……………素数
- 約数が3つ以上のもの………合成数

×　　　　　　　　×

素数を求める方法としては，古代ギリシャのエラストネスの考案したものがあり，**エラストネスのふるい**と呼ばれている．読者は，おそらく，中学で習ったであろう．

この方法は，素数の倍数の配列の規則を利用したものである．自然数を大きさの順に並べておくと，

素数2の倍数は，2からはじまり，1つとびに並ぶ．

1 **2** 3 **4** 5 **6** 7 **8** 9 **10** 11 **12** 13 ……

素数3の倍数は，3からはじまり，2つとびに並ぶ．

1 2 **3** 4 5 **6** 7 8 **9** 10 11 **12** 13 ……

一般に素数 p の倍数は，p からはじまり，$p-1$ 個とびに並ぶ．したがって，次の操作を行なえば，100以下の素数がすべて求められる．

はじめに1から100までの自然数を順にかいておく.

1を消す.

2を残し，2より大きい2の倍数をすべて消す.

3を残し，3より大きい3の倍数をすべて消す.

5を残し，5より大きい5の倍数をすべて消す.

7を残し，7より大きい7の倍数をすべて消す.

これで十分である．残った数が求める素数で，次の25個であることが知られよう.

2	3	5	7	11	13	17	19	23	29
31	37	41	43	47	53	59	61	67	71
73	79	83	89	97					

なぜ，7まで試みればよいか.

100が2つの因数 a, b $(a \leqq b)$ に分けられたとすると

$$100 = ab \geqq a^2$$

$$\sqrt{100} = 10 \geqq a$$

a は10以下だから，10以下の素数で割り切れることをみればよい．10以下の素数で最大なのは7だから，7まで操作を行なえば十分なことがわかる.

一般に自然数 N が合成数か素数かをみるには，$\sqrt{N}$ 以下の素数で割り切れるかどうかを調べればよい.

たとえば197ならば

$$14^2 < 197 < 15^2, \qquad 14 < \sqrt{197} < 15$$

であるから，14以下の素数

$$2, 3, 5, 7, 11, 13$$

で割り切れるかどうかを順に調べる．どの数でも割り切れないから197は素数である.

× ×

素数の分布のようすを探ることは興味ある課題である．自然数 x を越えない素数の個数は x の関数であるから $\pi(x)$ で表わそう．$\pi(x)$ の変化のようすをみれば，素数の分布のようすがわかる.

手はじめとして，$x=100$ までの $\pi(x)$ の値の表を作ってみよう.

x	10	20	30	40	50	60	70	80	90	100
$\pi(x)$	4	8	10	12	15	17	19	22	24	25
増分		4	2	2	3	2	2	3	2	1

この資料でみる限りでは，$\pi(x)$ は増加関数で，増分には先細りの傾向がみれるが，確かなことは予想できそうもない．

そこで手許にある素数表によって，$x=1000$ まで調べてみた．

x	100	200	300	400	500	600	700	800	900	1000
$\pi(x)$	25	46	62	78	95	109	125	139	154	167
増分	25	21	16	16	17	14	16	14	15	13

増分が先へ行くほど小さくなるという傾向は一層はっきりしたように見えるが，確信がもてるほどでもない．

増分の変化はともかくとして，$\pi(x)$ 自身が増加関数であることは信じてよさそうである．

$\pi(x)$ が増加関数であるということは，素数は無限にあるということ．このことは，すでにユークリッドの「原本」において，非凡な方法で証明されている．しかし，その証明のためには，1つの予備知識が必要である．

× ×

[1] 1より大きい自然数は少なくとも1つの素数の約数をもつ．

自明に近いものであるが，一応証明しておこう．

1より大きい自然数を a とすると，a は素数か合成数かである．

a が素数ならば，a は a の約数だから，明らかである．

a が合成数ならば，$1, a$ 以外に約数をもつから，その1つを b_1 とし，a を b_1 で割った商を a_1 とおくと

$$a=a_1\times b_1 \qquad 1<a_1<a$$

と分解できる．

ここで，a_1, b_1 の少なくとも一方が素数なら，定理は成り立つ．

a_1, b_1 がともに合成数のときは，a_1 について同じことを試みる．

$$a_1=a_2\times b_2 \qquad 1<a_2<a_1$$

以下同様のことをくり返してゆくと，$a, a_1, a_2, \cdots\cdots$ は

$$a>a_1>a_2>\cdots\cdots>1$$

と減少してゆくから，a_i は必ず素数になるときがある．これで定理は証明された．

たとえば，864 に [1] の上の手順を行なってみると

$$
\begin{aligned}
864 &= 24\times18 && a_1\times b_1\\
&= 6\times4\times18 && a_2\times b_2\times b_1\\
&= 2\times3\times4\times18 && a_3\times b_3\times b_2\times b_1
\end{aligned}
$$

↑（2）素数

×　　　　×

[2]　素数は無限に存在する．

ユークリッド「原本」流の証明を試みよう．背理法による．素数が有限個だとすると矛盾に達することを示す．

素数が有限個であるとすると，それを大きさの順に並べて番号をつけ

$$p_1,\ p_2,\ \cdots\cdots,\ p_n \qquad ①$$

と表わすことができる．そこでいま，これらの素数を用いて，自然数

$$a=p_1p_2\cdots\cdots p_n+1 \qquad ②$$

を作ってみる．

a は，1 より大きいから，素数か合成数のいずれかである．

a が素数であったとすると，a は ① の中のどれかに等しいから，それを p_i とすれば

$$a=p_i$$

ところが a の式から明らかなように

$$a>p_i$$

これは上の等式に矛盾する．

a が合成数であったとすると，定理 [1] によって，a は素数の約数をもつから，それを p_k としてみよ．② から a を p_k で割れば余りは 1 になるから a は p_k では割り切れない．これは p_k が a の約数であることに矛盾する．

いずれにしても矛盾に達するのだから，素数は無限にある．

この証明は まことに巧妙である．② の式を考えたところに 非凡さがあるといえよう．

§2 素因数分解

自然数それぞれの個性は，素因数分解によって示されるといっても過言ではなかろう．しかし，それを知るには，素因数分解の一意性を明らかにしておかなければならない．分解の方法によって，結果が違うというのでは困るから．

この一意性の証明には，次の予備知識が必要である．

[3] 2つの自然数の積 ab が素数 p で割り切れるならば，a か b の少なくとも一方は p で割り切れる．すなわち

$$p\text{が素数},\quad p\,|\,ab \implies p\,|\,a \ \text{ or } \ p\,|\,b \qquad ①$$

高校では，これを当然なこととして用いているが，考えてみれば自明とはいえないようである．

① を証明するには，これと同値な

$$p\text{は素数},\quad p\,|\,ab,\quad p\nmid a \implies p\,|\,b$$

を証明すればよい．

p が素数で，かつ $p\nmid a$ であったとすると，a と p は互いに素である．

$p\,|\,ab$ で，p と a が互いに素ならば，第1章の定理 [13] によって

$$p\,|\,b$$

である．

× ×

[4] 1より大きいすべての自然数 a は素数の積

$$a=p_1p_2\cdots\cdots p_n$$

に分解される．しかも，この分解は，因数の順序を区別しなければただ1通りである． **(素因数分解の一意性)**

a が素数のときは，$a=p_1$ の形になるが，これも素数の積の特殊な場合とみていることに注意されたい．

存在の証明と一意性の証明とに分けて考える．

存在の証明．

a が合成数のときを証明すれば十分である．a を合成数とすると，定理 [1] によって，a は少なくとも1つの素因数をもつから，それを p_1 とすると

$$a=p_1a_1 \quad \text{でかつ} \quad 1<a_1<a$$

とおくことができる．

もし，a_1 が素数ならば，$a_1=p_2$ とおくと $a=p_1p_2$ となって定理は成り立つ．a_1 が合成数ならば，定理[1]によって a_1 は少なくとも1つの素因数をもつのだから，それを p_2 とおくと $a_1=p_2a_2$ とおけるから

$$a=p_1p_2a_2 \qquad 1<a_2<a_1$$

もし，a_2 が素数ならば，$a_2=p_3$ とおけば $a=p_1p_2p_3$ となって定理が成り立つ．a_2 が合成数ならば，上と同様の手順を行なう．

以下同様にしてすすむと $a, a_1, a_2, \cdots\cdots$ は

$$a>a_1>a_2>\cdots\cdots>1$$

となるから，a_i は素数になるときがあり，定理は成り立つ．

一意性の証明．

a が2通りに分解されたとして

$$a=p_1p_2\cdots\cdots p_n=q_1q_2\cdots\cdots q_m \qquad ①$$

とおき，この2つは等しいことをいえばよい．

q_1 は $p_1p_2\cdots\cdots p_n$ の約数になり，かつ q_1 自身は素数だから，定理[3]によって，$p_1, p_2, \cdots\cdots, p_n$ の少なくとも1つは q_1 で割り切れなければならない．たとえばそれを p_1 とすると，p_1 も素数だから

$$p_1=q_1$$

よって①から　　$p_2\cdots\cdots p_n=q_2\cdots\cdots q_m$

以下同様のことをくり返すことによって

$$p_2=q_2,\ p_3=q_3,\ \cdots\cdots$$

が成り立ち，最後に $n=m$ でかつ $p_n=q_m$ となる．

×　　　　　×

1より大きい自然数 a を素因数の積で表わしたものを，a の**素因数分解**という．この分解では $p_1, p_2, \cdots\cdots, p_n$ の中に等しいものがあることを許している．

たとえば

$$360=3\cdot3\cdot2\cdot2\cdot2\cdot5$$

これをふつう

$$180=2^3\cdot3^2\cdot5$$

のように，累乗を用い，しかも，素因数は小さいものから順にかく．

一般に，自然数 a を

$$a=p^{\alpha}q^{\beta}r^{\gamma}\cdots\cdots \qquad (1<p<q<r<\cdots\cdots)$$
$$(p, q, r \text{ は素数})$$

と表わしたものを，a の素因数分解の**標準形**または**標準分解**といい，応用が広い．

× ×

素因数分解の手近な応用は，最大公約数,最小公倍数を求めることである．

たとえば，2数

$$a=120, \qquad b=700$$

標準分解を行なうと

$$a=2^3\times3\times5\ =2^3\times3\times5$$
$$b=2^2\times5^2\times7=2^2\qquad\times5^2\times7$$

最大公約数 $g=2^2\times5=20$

最小公倍数 $l=2^3\times3\times5^2\times7=4200$

形を整えるため，次のようにかきかえてみよ．

$$a=2^3\times3^1\times5^1\times7^0 \qquad (3=3^1,\ 5=5^1,\ 1=7^0)$$
$$b=2^2\times3^0\times5^2\times7^1 \qquad (1=3^0,\ 7=7^1)$$
$$g=2^2\times3^0\times5^1\times7^0$$

2の指数$=\min\{3,2\}=2$,　3の指数$=\min\{1,0\}=0$

5の指数$=\min\{1,2\}=1$,　7の指数$=\min\{0,1\}=0$

$$l=2^3\times3^1\times5^2\times7^1$$

2の指数$=\max\{3,2\}=3$,　3の指数$=\max\{1,0\}=1$

5の指数$=\max\{1,2\}=2$,　7の指数$=\max\{0,1\}=1$

このように，最大公約数と最小公倍数は，素因数分解でみると，min, max と深い関係がある．

前に，等式

$$ab=gl$$

を導いたが，これは素因数の指数でみると，公式

$$\alpha+\beta=\min\{\alpha,\beta\}+\max\{\alpha,\beta\}$$

が対応する．

上の例でみると

$$\left.\begin{array}{l} ab=2^{3+2}\times 3^{1+0}\times 5^{1+2}\times 7^{0+1} \\ gl=2^{2+3}\times 3^{0+1}\times 5^{1+2}\times 7^{0+1} \end{array}\right\} \text{等しい.}$$

§3 整数論的関数

整数論で重要な関数

$$f:A \longrightarrow B$$

のうち，A,B の少なくとも一方が整数の集合であるものを，ふつう整数論的関数という.

前にあげた関数

$$\pi(a)=a \text{ を越えない素数の個数}$$

は $\boldsymbol{N}$ から $\boldsymbol{N}$ への関数で，整数論的関数の一つである.

また，自然数 a の約数の個数は a の関数だから $T(a)$ で表わすと，これも $\boldsymbol{N}$ から $\boldsymbol{N}$ への関数で，整数論的関数の一つである.

この関数の値は，素因数分解が標準形で与えられておれば，簡単に求められる．たとえば

$$a=360=2^3\cdot 3^2\cdot 5^1$$

の約数は，3つの集合

$$A=\{1,2,2^2,2^3\},\quad B=\{1,3,3^2\},\quad C=\{1,5\}$$

から，それぞれ1つの数をとり，積を作ることによって求められる．したがって a の約数の個数は

$$T(a)=(1+3)(1+2)(1+1)=24$$

一般に，自然数 a の標準分解を

$$a=p^\alpha q^\beta r^\gamma\cdots\cdots \qquad ①$$

とすると，a の約数の個数は

$$T(a)=(1+\alpha)(1+\beta)(1+\gamma)\cdots\cdots$$

によって求められる.

この関数の値を求めてみると

a	1	2	3	4	5	6	7	8	9	10	……
$T(a)$	1	2	2	3	2	4	2	4	3	4	……

また，自然数 a の約数の和を $S(a)$ とすると，これも整数論的関数である．a が ① のように分解されておれば

$$S(a)=(1+p+\cdots\cdots+p^{\alpha})(1+q+\cdots\cdots+q^{\beta})(1+r+\cdots\cdots+r^{\gamma})\cdots\cdots$$

となる．ここで等比数列の和の公式を用いると

$$S(a)=\frac{p^{\alpha+1}-1}{p-1}\cdot\frac{q^{\beta+1}-1}{q-1}\cdot\frac{r^{\gamma+1}-1}{r-1}\cdot\cdots\cdots$$

たとえば $a=360=2^3\cdot3^2\cdot5^1$ ならば

$$S(a)=\frac{2^4-1}{2-1}\cdot\frac{3^3-1}{3-1}\cdot\frac{5^2-1}{5-1}=15\cdot13\cdot6=1170$$

×　　　　　　　　×

整数論的関数としてはオイラーの関数が重要である．

自然数 a より小さい自然数のうち，a と互いに素なる数の個数は a の関数である．この関数をふつう $\varphi(a)$ で表わし，**オイラーの関数**という．

たとえば $a=10$ のとき，10 より小さい自然数

1, 2, **3**, 4, 5, 6, **7**, 8, **9**

のうち，10 と互いに素であるのは 1, 3, 7, 9 の 4 つだから

$$\varphi(10)=4$$

同様にして，$\varphi(1), \varphi(2), \varphi(3), \cdots\cdots, \varphi(10)$ を求めたのが，次の表である．

a	1	2	3	4	5	6	7	8	9	10
$\varphi(a)$	0	1	2	2	4	2	6	4	6	4

a が ① のように分解されているときは，公式

$$\varphi(a)=a\left(1-\frac{1}{p}\right)\left(1-\frac{1}{q}\right)\left(1-\frac{1}{r}\right)\cdots\cdots$$

の成り立つことが知られている．

この証明はいろいろあるが，どれもやさしくない．整数論の専門書をごらん頂きたい．

応用例を 1 つあげる．

$$360=2^3\cdot3^2\cdot5$$

のときは

$$\varphi(360)=2^3\cdot3^2\cdot5\left(1-\frac{1}{2}\right)\left(1-\frac{1}{3}\right)\left(1-\frac{1}{5}\right)$$
$$=2^2\cdot3\cdot2\cdot4=96$$

× ×

ガウスの記号 $[x]$ は，整数 x を越えない最大の整数を表わす．これは高校以来親しみの深いものだから，くわしい説明をするまでもなかろう．

たとえば

$$[4.7]=4,\quad [-2.6]=-3,\quad [0.58]=0$$

a を整数，b を正の整数とし，a を b で割ったときの商を q，余りを r としてみると

$$a=bq+r,\qquad 0\leqq r<b$$

であったから，

$$\frac{a}{b}=q+\frac{r}{b},\qquad 0\leqq\frac{r}{b}<1$$

したがって

$$\left[\frac{a}{b}\right]=q$$

の成り立つことがわかる．

これは重要だから定理としてまとめておこう．

[5] a, b が整数で，$b>0$ のとき，a を b で割ったときの商を q とすれば

$$q=\left[\frac{a}{b}\right]$$

である．

この式は，b が負であるときは必ずしも成り立たない．$\left[\frac{-14}{-3}\right]=4$ であるのに，-14 を -3 で割ったときの商は5である．

なお上の式から，a を自然数とするとき，1から a までの範囲にある b の倍数は $\left[\frac{a}{b}\right]$ 個であることも知られよう．

× ×

x を変数とみたとき $[x]$ をガウス関数という．これは

$\boldsymbol{R}$ から $\boldsymbol{N}$ への関数

とみられる，整数論的関数の1つである．

例1 20! には素因数2は何個含まれているか．

1, 2, 3, ……, 20 について当ってみて，求め方の一般原理を探す．

①に並んでいる2の個数は，20までの自然数の中の2の倍数の 個数に等し

いから

$$\left[\frac{20}{2}\right]$$

②に並んでいる2の個数は，20までの自然数の中の 2^2 の倍数の個数に等しいから

$$\left[\frac{20}{2^2}\right]$$

同様にして③,④に並んでいる2の個数はそれぞれ

$$\left[\frac{20}{2^3}\right],\ \left[\frac{20}{2^4}\right]$$

2	………	2			
4	………	2	×2		
6	………	2			
8	………	2	×2	×2	
10	………	2			
12	………	2	×2		
14	………	2			
16	………	2	×2	×2	×2
18	………	2			
20	………	2	×2		
		↑①	↑②	↑③	↑④

よって素因数2の総数は

$$\left[\frac{20}{2}\right]+\left[\frac{20}{2^2}\right]+\left[\frac{20}{2^3}\right]+\left[\frac{20}{2^4}\right]=10+5+2+1=18$$

×　　　　　　×

例1を一般化すると，次の結論になる．

$n!$ の中に含まれる素数 p の数，すなわち $n!$ に含まれる因数 p^k の k の最大値を $f_p(n)$ で表わすと

$$f_p(n)=\left[\frac{n}{p}\right]+\left[\frac{n}{p^2}\right]+\left[\frac{n}{p^3}\right]+\cdots\cdots$$

項は無限に続くが p^i が n より大きくなれば $\left[\frac{n}{p^i}\right]$ はすべて0になるから，0でない項は，はじめの有限個に過ぎない．

さて，それでは，a が素数でないとき $f_a(n)$ はどうなるか．たとえば

$$a=pq \qquad (p, q \text{ は素数})$$

であったとする．

$f_a(n)$ を知るには，$f_p(n), f_q(n)$ を求め，この2数の最小値

$$\min\{f_p(n), f_q(n)\}=\alpha$$

を選べばよい．したがって

$$f_a(n)=f_{pq}(n)=\min\{f_p(n), f_q(n)\}$$

この応用例を1つあげてみる．

例2　50! は計算すると終りに何個の0が続くか．

$862000=862\times10^3$ から予想できるように，

$$50!=m\times10^k, \qquad 10\nmid m$$

をみたす自然数 n を求めればよい.

$10=2\times5$ で $2,5$ は素数だから

$$k=f_{10}(50)=\min\{f_2(50), f_5(50)\}$$

ところが

$$f_2(50)=\left[\frac{50}{2}\right]+\left[\frac{50}{2^2}\right]+\left[\frac{50}{2^3}\right]+\cdots\cdots$$
$$=25+12+6+3+1+0+0+\cdots\cdots$$
$$=47$$

$$f_5(50)=\left[\frac{50}{5}\right]+\left[\frac{50}{5^2}\right]+\left[\frac{50}{5^3}\right]+\cdots\cdots$$
$$=10+2+0+\cdots\cdots$$
$$=12$$

$$\min\{47,12\}=12$$

$$\begin{array}{r|l} 2 & 50 \\ 2 & 25 \\ 2 & 12 \\ 2 & 6 \\ 2 & 3 \\ 2 & 1 \\ & 0 \end{array} \qquad \begin{array}{r|l} 5 & 50 \\ 5 & 10 \\ 5 & 2 \\ & 0 \end{array}$$

よって, 50! の終りには 0 が 12 個並ぶ.

×　　　　　　　　×

関数 $f(x)$ は

$$f(ab)=f(a)f(b)$$

をみたすとき乗法的であるという.

整数論的関数では, a,b が互いに素なるときに乗法的になるものがあり, 理論的に有用なことが多い.

例3　自然数 x のすべての約数の個数を表わす関数 $T(x)$ は

$$(x,y)=1 \text{ ならば } f(xy)=f(x)f(y)$$

となることを証明せよ.

x,y の標準分解を, それぞれ

$$x=a^\alpha b^\beta\cdots\cdots$$
$$y=p^u q^v\cdots\cdots$$

とすると,

$$f(x)=(1+\alpha)(1+\beta)\cdots\cdots$$
$$f(y)=(1+u)(1+v)\cdots\cdots$$
$$\therefore\quad f(x)f(y)=(1+\alpha)(1+\beta)\cdots\cdots(1+u)(1+v)\cdots\cdots \qquad ①$$

仮定によると x,y は互いに素だから, 素数 $a,b,\cdots\cdots$ と $p,q,\cdots\cdots$ とには等しいものがない. したがって xy の標準分解は

$$xy=a^{\alpha}b^{\beta}\cdots\cdots p^{u}q^{v}\cdots\cdots$$

となり，$f(xy)$ は ① に等しい．

練 習 問 題 2

問題

1．252について，次の問に答えよ．
 (1) 252の標準分解を求めよ．
 (2) 252のすべての約数は何個か．
 (3) 252のすべての約数の和を求めよ．

2．「2より大きい任意の偶数は2つの素数の和として表わされる」をゴールドバッハの問題といい，現在まだ証明されていない．20までの偶数について，これを確かめよ．

3．(3,5)，(5,7)，(11,13) のように，隣り合った2つの奇数で素数になるものがある．これを双子素数という．100より大きくて，100に近い双子素数を2組あげよ．

4．30! には，素因数2，3はそれぞれいくつ含まれているか．また因数6はいくつ含まれているか．

5．100! を計算すると，おわりに0がいくつつくか．

6．$n>2$ のとき n^4+4 は素数を表わさないことを証明せよ．

ヒントと略解

1．(1) $2^2\cdot 3^2\cdot 7$　(2) $(1+2)(1+2)(1+1)=18$
 (3) $(1+2+2^2)(1+3+3^2)(1+7)=728$

2．$4=2+2$，$6=3+3$，$8=3+5$，$9=2+7$，
 $10=5+5=3+7$，$12=5+7$，$14=7+7=3+11$，
 $16=3+13$，$18=5+13$，$20=3+17=7+13$

3．(101,103)，(137,139)

4．$f_2(30)=\left[\frac{30}{2}\right]+\left[\frac{30}{2^2}\right]+\left[\frac{30}{2^3}\right]+\cdots$
 $=15+7+3+1+0+\cdots=26$
 $f_3(30)=\left[\frac{30}{3}\right]+\left[\frac{30}{3^2}\right]+\left[\frac{30}{3^3}\right]+\cdots$
 $=10+3+1+0+\cdots=14$
 $f_6(30)=\min\{f_2(30), f_3(30)\}=\min\{26,14\}=14$

5．$f_2(100)=\left[\frac{100}{2}\right]+\left[\frac{100}{2^2}\right]+\cdots$
 $=50+25+12+6+3+1+0+\cdots=97$
 $f_5(100)=\left[\frac{100}{5}\right]+\left[\frac{100}{5^2}\right]+\cdots$
 $=20+4+0+\cdots=24$
 $f_{10}(100)=\min\{f_2(100), f_5(100)\}$
 $=\min\{97,24\}=24$　　答 24

6．$n^4+4=(n^4+4n^2+4)-4n^2$
 $=(n^2+2)^2-(2n)^2=(n^2+2n-2)(n^2-2n-2)$
 $=\{n(n+2)-2\}\{n(n-2)-2\}$
 $n\geqq 3$ だから $n(n+2)>n(n-2)\geqq 3$
 よって n^4+4 は合成数である．

第3章　1次不定方程式

はじめに　係数が整数である方程式の未知数の整数値を求めることを，不定方程式を解くという．また，その解を整数解という．

整数解が問題になるのは，方程式の数よりも未知数の個数が多い場合である．

高校でみると，1次と2次の場合である．1次の場合には，つねに解くことのできる方法がある．ところが2次の場合はむずかしいので，特殊なものだけが取り扱われる．

2元2次の不定方程式

$$ax^2+2hxy+by^2+2gx+2fy+c=0$$

は，

$$(lx+my+n)(px+qy+r)=k$$

の形に変形できたとすれば，kを2つの整数の積h, h'に分解し

$$\begin{cases} lx+my+n=h \\ px+qy+r=h' \end{cases}$$

などを解き，x, yが整数になるものだけを選び出せばよい．

このような解き方の常に可能なのは

$$xy+ax+by+c=0$$

の形のもので，高校ではしばしば現われる．この方程式はcを移項し，両辺にabを加えることによって，つねに

$$(x+b)(y+a)=ab-c$$

の形にかえられるから，先の方法で解くことができる．

以上のような変形のできないものを一般的に解くことは，非常にむずかしい．

ここで取り扱うのは，1次の不定方程式で，とくに2元1次の場合に焦点を置いた．

この方程式は解の存在など，理論的なことは，イデアルの概念を用いることによって，鮮かに解明される．しかし，この方法は解の求め方を与えてはくれない．

解の求め方としては，ユークリッドの互除法が有力である．

そこで，ここでは，読者に親しみのある古典的方法を解説の振り出しとし，イデアルの利用で上りとした．

§1　2元1次不定方程式

x, y についての1次方程式を

$$ax+by=k \qquad (a, b, k \in \boldsymbol{Z}) \qquad (*)$$

と表わそう．

この方程式は，a, b の最大公約数 $(a, b)=g$ で，k が割り切れないならば整数解をもたない．なぜかというに，左辺は g で割り切れるのに，右辺は g で割り切れないからである．

たとえば

$$4x+6y=5$$

では $(4,6)=2$ で，左辺は2で割り切れるのに右辺は2で割り切れないから整数解がない．

したがって，g で k が割り切れる場合だけを考えればよい．$(*)$ の両辺を g で割ったものを

$$a'x+b'y=k'$$

とすると，a', b' は互いに素になる．

そこで $(*)$ において a, b が互いに素なる場合だけを問題にしよう．

$$ax+by=k \qquad (a, b)=1 \qquad (**)$$

さて，これはつねに解をもつだろうか．それを一般的に考える前に，実例にあたってみよう．

×　　　　×

たとえば

$$5x-13y=4 \qquad ①$$

で考えてみる．

x, y の係数の絶対値をくらべる．$|5|<|-13|$ であるから，5で -13 を割れば，商は5で余りは2であるから

$$-13=5\times(-3)+2$$

$$\therefore \quad 5x+5\times(-3)y+2y=4$$

$$5(x-3y)+2y=4$$

ここで $x-3y=z$ とおくと $x=3y+z$

$$5z+2y=4 \qquad ②$$

これを解けばよい．$|5|>|2|$ であるから，2で5を割って

$$5=2\times2+1$$

$$\therefore\quad 2\times2z+z+2y=4$$

$$z+2(y+2z)=4$$

ここで，$y+2z=t$ とおくと $y=t-2z$

$$z+2t=4 \qquad ③$$

これを解けばよい．ところが，これは

$$z=4-2t$$

とかきかえられるから，t が任意の整数のとき z は整数になり，解けたに等しい．なぜかというに，この z を $y=t-2z$ に代入して

$$y=t-2(4-2t)=5t-8$$

これをさらに $x=3y+z$ に代入して

$$x=3(5t-8)+4-2t=13t-20$$

求める解は

$$\begin{cases}x=13t-20\\ y=5t-8\end{cases}\quad (t\in\boldsymbol{Z})$$

上の解で現われた方程式①,②,③をみると，係数の絶対値は，次第に小さくなる．

$$\begin{array}{ll} 5x-13y=4 & \\ \quad\Downarrow & |-13|>|2| \\ 5z+\ 2y=4 & \\ \Downarrow & |5|>|1| \\ \ z+\ 2t=4 & \end{array}$$

以上の操作は，任意の1次方程式(**)に適用することができ，これによって係数の絶対値は減少するのだから，何回か試みると，少なくともどちらかの係数の絶対値は1になり，解がみつかる．したがって1次方程式(**)はつねに解をもつ．

[1] a, b, k が整数で，かつ $(a, b)=1$ ならば

$$ax+by=k \qquad ①$$

はつねに整数解をもつ．

× ×

以上では一気にすべての解を求めたが，このほかに，1組の解を求め，それを手がかりとして，すべての解を求める方法も考えられる．

①はとにかく解をもつのだから，解の1組がなんらかの方法によって求められたとし，それを (x_0, y_0) とすれば

$$ax_0+by_0=k \qquad ②$$

ここで①−②を作ると

$$a(x-x_0)+b(y-y_0)=0$$

$$a(x-x_0)=-b(y-y_0) \qquad ③$$

この右辺は b で割り切れるから $a(x-x_0)$ も b で割り切れる．ところが a, b は互いに素であるから $x-x_0$ は b で割り切れる．よってその商を t とすると $x-x_0=bt$

$$x=x_0+bt$$

これを③に代入して

$$y=y_0-at$$

そこで，次の定理がえられた．

[2]　a, b, k が整数で a, b が互いに素のとき

$$ax+by=k$$

の1組の解を (x_0, y_0) とすると，すべての解は

$$\begin{cases} x=x_0+bt \\ y=y_0-at \end{cases} \qquad (t \in \boldsymbol{Z})$$

によって与えられる．

×　　　　　×

係数の絶対値が小さいときは，解の1組は視察で求められるから，この方法は有効である．

例1　次の方程式の整数解を求めよ．

$$5x+7y=4$$

このままで解の1組を求めるよりは，$5x+7y=1$ の解の1組を求める方が楽である．もし $5x+7y=1$ の解がわかれば，両辺を4倍することによって，$5x+7y=4$ の解もわかる．

5の倍数　　5, 10, 15, ……

7の倍数　　7, 14, 21, ……

これらのうち差が1になるのに目をつけよ．

$$15-14=1 \qquad 5\times 3+7\times(-2)=1$$

両辺を4倍して

$$5\times 12+7\times(-8)=4$$

よって，$x=12$，$y=-8$ は解の1組である．すべての解は

$$\begin{cases} x=12+7t \\ y=-8-5t \end{cases} \quad (t\in \boldsymbol{Z})$$

×　　　　　　　　×

1組の解を，一定の手順に求める方法はユークリッドの互除法である．なぜかというに，最初の解き方の操作自身がユークリッドの互除法になっているからである．

例2　次の方程式の整数解を求めよ．

$$14x+73y=3$$

はじめに $14x+73y=1$ の解の1組を求める．

$$\mathbf{73=14\cdot 5+3}$$
$$\mathbf{14=3\cdot 4+2}$$
$$\mathbf{3=2\cdot 1+1}$$

```
       5
14 ) 73
     70    4
     ──────────
      3 ) 14
          12   1
          ───────
           2 ) 3
               2
               ─
               1
```

$14=a$，$73=b$，$r_1=3$，$r_2=2$，$r_3=1$

とおくと

$$b=5a+r_1 \qquad ①$$
$$a=4r_1+r_2 \qquad ②$$
$$r_1=r_2+r_3 \qquad ③$$

これから r_2, r_1 を消去し r_3 を a, b で表わす．

③から　$r_3=r_1-r_2$

②から　$r_2=a-4r_1$，これを上の式に代入して

$$r_3=r_1-(a-4r_1)=-a+5r_1$$

①から　$r_1=b-5a$，これを上の式に代入する．

$$r_3=-a+5(b-5a)=(-26)a+5b$$
$$a\times(-26)+b\times 5=1$$

よって $14x+73y=1$ の解の1組は $(-26, 5)$ である．この解を3倍して $14x+73y=3$ の解の1組は

$$(-78, 15)$$

である．したがってすべて解は

$$\begin{cases} x=-78+73t \\ y=15-14t \end{cases} \qquad (t\in\mathbf{Z})$$

§2 3元1次不定方程式

3元の1次不定方程式

$$ax+by+cz=k \qquad (a, b, c, k\in\mathbf{Z})$$

の場合にも，a, b, c の最大公約数を g とすると，k か g で割り切れないときに解がないことは容易に証明できる．

k が g で割り切れるときに解があることは，2元の場合と全く同じようにして確かめられる．

[3] a, b, c, k が整数で，k が (a, b, c) で割り切れるならば

$$ax+by+cz=k$$

は整数解をもつ．

それを実例によって明らかにするにとどめる．

× ×

例1 次の方程式の整数解を求めよ．

$$5x-7y+18z=10 \qquad ①$$

第1の解き方

18を5で割ると $18=5\times3+3$ となる．そこで①から

$$5x-7y+5\times3z+3z=10$$

$$5(x+3z)-7y+3z=10$$

ここで $x+3z=u$ とおくと

$$x=u-3z \qquad ②$$

かつ $5u-7y+3z=10$

3で7を割ると $7=3\times2+1$ となるから

$$5u-3\times2y-y+3z=10$$

$$5u+3(z-2y)-y=10$$

ここで $z-2y=v$ とおけば

$$z=2y+v \tag{③}$$

かつ

$$5u+3v-y=10$$

$$\therefore \quad y=5u+3v-10$$

これを ③ に代入して

$$z=10u+7v-20$$

これを ② に代入して

$$x=-29u-21v+60$$

これで完全に解けた．

$$\begin{cases} x=-29u-21v+60 \\ y=5u+3v-10 \\ z=10u+7v-20 \end{cases} \qquad (u, v \in \boldsymbol{Z})$$

このように，3元の1次方程式の整数解は，整数を変域とする2つのパラメーターを含む1次式で与えられる．

×　　　　　　　×

第2の解き方

$$5x-7y+18z=10 \tag{①}$$

x の係数5で，y と z の係数を同時に割ることにすれば一層能率的である．

18を5で割ることは，18から5をいくつかひいて，差が5より小さい非負の数となるようにすることである．この場合には，目的からみて，差が小さいほどよいから，差の絶対値をなるべく小さくすればよい．したがって，整除を発展させ，余りを最小にするようなものを考えればよい．

a, b を整数，$b \neq 0$ とすると，いままでの整除は

$$a=bq+r, \qquad 0 \leqq r < |b|$$

をみたす整数の組 q, r を求めることであった．

ここで新しく

$$a=bq+r, \qquad |r| \leqq \frac{|b|}{2}$$

をみたす整数の組 q, r を求める整除を考えよう．

たとえば $a=28$，$b=5$ とすると

$$28=5\times 6+(-2), \qquad |-2| \leqq \frac{|5|}{2}$$

であるから，商は6，余りは -2 とみる．

$a=25$, $b=6$ のときは

$$25=6\times4+1, \qquad |1|\leqq\frac{|6|}{2}$$

であるから，商は4，余りは1である.

ところが $a=27$, $b=6$ のときは

$$27=6\times4+3, \qquad |3|\leqq\frac{|6|}{2}$$

$$27=6\times5+(-3), \qquad |-3|\leqq\frac{|6|}{2}$$

だから，商と余りの組は4,3と5,−3の2組になり，整除の一意性がくずれる.

整除の一意性がくずれても，不定方程式の解法上は支障がない．2組あるときは，どちらを選んでもよい．それによって解を表わす式は違ってくるが，それは見かけ上で，解集合そのものは一致する.

この整除の考えで，①を解いてみる.

$$5x-7y+18z=10 \qquad ①$$

7,18から5の倍数をひき，差の絶対値が最小になるようにすれば

$$(5x-5y+20z)-2y-2z=10$$

$$5(x-y+4z)-2y-2z=10$$

ここで $\qquad x-y+4z=u \qquad ②$

とおくと $\qquad 5u-2y-2z=10$

y の係数2に目をつけ同様の操作を試みる.

$$u-(2y-4u+2z)=10$$

$$u-2(y-2u+z)=10$$

ここで $\qquad y-2u+z=v \qquad ③$

とおくと $\qquad u-2v=10$

$$\therefore \quad u=10+2v \qquad ④$$

これを③に代入して，y を求めると

$$y=2u-z+v=-z+5v+20 \qquad ⑤$$

④,⑤を②に代入して，x を求めると

$$x=y-4z+u=-5z+7v+30$$

よって求める解は

$$\begin{cases} x=-5z+7v+30 \\ y=-z+5v+20 \end{cases}$$

となる．ここで形を整えるため $z=w$ とおけば

$$\begin{cases} x=-5w+7v+30 \\ y=-w+5v+20 \qquad (w,v\in\mathbb{Z}) \\ z=w \end{cases}$$

となって，前の解と同様の形の式に書きかえられる．

×　　　　　　　　×

第3の解き方

2元の1次不定方程式の解き方を反復する方法も考えられる．それを別の方程式で試みよう．

$$4x+6y+17z=5 \qquad ①$$

かきかえると

$$2(2x+3y)+17z=5$$

ここで $2x+3y=u$ とおくと

$$\begin{cases} 2u+17z=5 & ② \\ 2x+3y=u & ③ \end{cases}$$

これを解けばよい．

③を解くには，まず $2x+3y=1$ を解けばよい．$(2,3)=1$ だから，この方程式は解をもつ．解の1組は $x=-1$，$y=1$ である．よって $2x+3y=u$ の1組の解は $x=-u$，$y=u$ であり，この一般の解は

$$\begin{cases} x=-u+3v \\ y=u-2v \end{cases} \qquad (v\in\mathbb{Z}) \qquad ④$$

である．

一方②を解こう．$(2,17)=1$ だから，この方程式も解をもち，その1組は $u=-6$，$z=1$ である．したがって一般の解は

$$\begin{cases} u=-6+17w \\ z=1-2w \end{cases} \qquad (w\in\mathbb{Z}) \qquad ⑤$$

である．

そこで④と⑤を組合せれば求める解である．ただし，この解はパラメーターが u,v,w の3つであるから，⑤の第1式を用いて u を消去し，v と w のみ

の式にかえて，簡単にする．

$$\begin{cases} x=6-17w+3v \\ y=-6+17w-2v \\ z=1-2w \end{cases} \qquad (w, v \in \boldsymbol{Z})$$

§3 連立1次不定方程式

簡単な場合として，3元の連立1次方程式を取り挙げてみる．

$$\begin{cases} ax+by+cz=d \\ a'x+b'y+c'z=d' \end{cases} \qquad ①$$

係数はすべて整数とする．

d が (a,b,c) で割り切れないか，または d' が (a',b',c') で割り切れないときは解がない．

上の2式から z を消去すれば，x,y についての方程式

$$px+qy=r \qquad ②$$

がえられる．p,q,r が整数でないときは，両辺に，適当な整数をかけることによって整数に直すことができる．

そこで，まず②を解いて，解

$$\begin{cases} x=x_0+qu \\ y=y_0-pu \end{cases} \qquad (u \in \boldsymbol{Z}) \qquad ③$$

を求める．

これを①のどちらかの方程式に代入すると，u と z についての1次方程式

$$lu+mz=n$$

ができる．これを u,z について解いたものを

$$\begin{cases} u=u_0+mv \\ z=z_0-lv \end{cases} \qquad (v \in \boldsymbol{Z}) \qquad ④$$

③と④を組合せたものが求める解である．ただし，④の第1式を用いて u を消去し，パラメーターは v 1つにかきかえて答とする．

× ×

一般論ではわかりにくいだろうから具体例を挙げてみる．

例1 次の連立1次不定方程式を解け．

$$5x-8y+3z=9 \qquad ①$$

$$3x+7y-2z=-8 \qquad ②$$

①×2+②×3 を作って z を消去すれば

$$19x+5y=-6$$

この方程式は，$(19,5)=1$ だから解をもつ．解の1組は，視察によって $x=-4$，$y=14$ であるから，一般の解は

$$\begin{cases} x=-4+5t \\ y=14-19t \end{cases} \qquad (t\in\boldsymbol{Z}) \qquad ③$$

である．

これを ① に代入して

$$5(-4+5t)-8(14-19t)+3z=9$$

$$177t+3z=141$$

$$59t+z=47$$

$$\therefore \quad z=47-59t$$

これを ③ と組合せて

$$\begin{cases} x=-4+5t \\ y=14-19t \\ z=47-59t \end{cases} \qquad (t\in\boldsymbol{Z})$$

例2　次の3つの等差数列に等しい項のうち最小のものを求めよ．その項はそれぞれ第何項か．

$1,\ 4,\ 7,\ 10,\ \cdots\cdots\cdots$（公差3）

$-4,\ 1,\ 6,\ 11,\ \cdots\cdots\cdots$（公差5）

$-10, -2,\ 6,\ 14,\ \cdots\cdots\cdots$（公差8）

3つの数列の第 x 項，第 y 項，第 z 項が等しくなったとすると

$$1+3(x-1)=-4+5(y-1)=-10+8(z-1)$$

2つの方程式に分解して

$$\begin{cases} 3x-5y=-7 & ① \\ 3x-8z=-16 & ② \end{cases}$$

$(3,-5)=1$，$(3,-8)=1$ だから，①，② はともに解をもつ．

① の解の1組は，視察によって $x=1$，$y=2$ であるから，① の一般解は

$$\begin{cases} x=1-5s \\ y=2-3s \end{cases} \qquad (s\in\boldsymbol{Z}) \qquad ③$$

③ の第1式を用いて，② から x を消去すると

$$3(1-5s)-8z=-16$$

$$15s+8z=19 \qquad ④$$

$15s+8z=1$ の解の1組は視察によって $s=-1,\ z=2$ であるから ④ の解の1組は $s=-19,\ z=38$ である．よって ④ の一般解は

$$\begin{cases} s=-19+8t \\ z=38-15t \end{cases} \qquad (t\in\boldsymbol{Z})$$

この第1式を ③ に代入して x, y を求め，上の第2式と組合せれば，①,② の解になる．

$$\begin{cases} x=96-40t \\ y=59-24t \\ z=38-15t \end{cases} \qquad (t\in\boldsymbol{Z})$$

x, y, z は正の整数であるから

$$t\leqq\min\left\{\frac{96}{40},\ \frac{59}{24},\ \frac{38}{15}\right\}$$

$$\therefore\quad t\leqq2$$

よって $t=2$ とおいて

$$x=16,\ y=11,\ z=8$$

$x=16$ のとき $1+3(x-1)=46$

よって一致する項は46で，それはそれぞれ，第16項，第11項，第8項である．

§4　分数の連分数展開

先にユークリッド互除法を用いて2元1次不定方程式の解の1つを見つけたが，整除の結果から解を求めるまでの過程がやっかいであった．この過程の計算を定式化する1つのくふうが分数の連分数展開の理論である．もちろん，連分数には，その他の応用分野もあるが．

たとえば，分数 $\dfrac{164}{37}$ が与えられたとしよう．

164を37で割って，商は4，余りは16

37を16で割って，商は2，余りは5

16を5で割って，商は3，余りは1

$$
\begin{array}{r}
4 \\
37\,)\overline{164} \\
\underline{148} \; 2 \\
16\,)\overline{37} \\
\underline{32} \;\; 3 \\
5\,)\overline{16} \\
\underline{15} \\
1
\end{array}
$$

したがって

$$\frac{164}{37}=4+\frac{16}{37},\quad \frac{37}{16}=2+\frac{5}{16},\quad \frac{16}{5}=3+\frac{1}{5}$$

これらを順に用いて，もとの分数を変形すると

$$\frac{164}{37}=4+\frac{16}{37}=4+\cfrac{1}{\cfrac{37}{16}}=4+\cfrac{1}{2+\cfrac{5}{16}}$$

$$=4+\cfrac{1}{2+\cfrac{1}{\cfrac{16}{5}}}=4+\cfrac{1}{2+\cfrac{1}{3+\cfrac{1}{5}}}$$

となって繁分数が得られた．

このままでは，読みにくいので

$$\frac{164}{37}=4+\frac{1}{2}{}_{+}\frac{1}{3}{}_{+}\frac{1}{5}$$

のような表わし方がくふうされている．分数の部分では，＋を少し下げてかくことに注目して頂きたい．

これを1つの分数に直すときは，右の方から順に，もとの繁分数でみれば下の方から順にくずす．しかし，それは余り楽でない．

では左の方からくずしたらどうなるか．もちろん，そのとき，右の方の一部は省略するのでないとむずかしい．

第1項だけをとる．　$x_1=4$

第2項までとる．　$x_2=4+\frac{1}{2}=\frac{9}{2}$

第3項までとる．　$x_3=4+\frac{1}{2}{}_{+}\frac{1}{3}=4+\frac{3}{7}=\frac{31}{7}$

第4項までとる．　$x_4=4+\frac{1}{2}{}_{+}\frac{1}{3}{}_{+}\frac{1}{5}=4\frac{16}{37}$

これらは，実は，もとの分数の近似値を表わし，下へすすむにつれて誤差が縮小し，もとの値に近ずく．そのようすを小数に直してくらべてみる．

もとの分数　$x=\frac{164}{37}\fallingdotseq 4.4324$

$x_1=4 \quad x_2=4.5000,\ x_3\fallingdotseq 4.4285,\ x_4\fallingdotseq 4.4324$

$|\varDelta x_1|=0.4324,\ |\varDelta x_2|=0.0676,\ |\varDelta x_3|=0.0039,\ |\varDelta x_4|=0$

×　　　　　　　　×

一般に

$$q_1+\frac{p_2}{q_2}+\frac{p_3}{q_3}+\frac{p_4}{q_4}+\cdots\cdots \qquad ①$$

を，有限で終っても，無限に続いても**連分数**という．

連分数は，とくに $p_2=p_3=p_4=\cdots\cdots=1$ の形のものを**正則**であるという．ここでは正則のものだけを取り扱うので，これを単に連分数ということにする．

正則な連分数で

$$x_n=q_1+\frac{1}{q_2}+\frac{1}{q_3}+\cdots\cdots+\frac{1}{q_n}$$

とおけば，数列

$$x_1,\ x_2,\ x_3,\ \cdots\cdots \quad (\text{有限または無限}) \qquad ②$$

ができる．

x_n を計算して1つの分数に直したものを $\dfrac{P_n}{Q_n}$（既約分数）で表わし，②から2つの数列

$$P_1,\ P_2,\ P_3,\ \cdots\cdots$$
$$Q_1,\ Q_2,\ Q_3,\ \cdots\cdots$$

を作る．これらの数列の特徴を明らかにするのが次の課題である．

$x_1, x_2, x_3, \cdots\cdots$ を順に求めて探りを入れよう．

$$x_1=\frac{P_1}{Q_1}=\frac{q_1}{1}$$

$$x_2=\frac{P_2}{Q_2}=q_1+\frac{1}{q_2}=\frac{q_1q_2+1}{q_2}$$

$$x_3=\frac{P_3}{Q_3}=q_1+\frac{1}{q_2}+\frac{1}{q_3}=q_1+\frac{q_3}{q_2q_3+1}=\frac{q_1q_2q_3+q_1+q_3}{q_2q_3+1}$$

$$x_4=\frac{P_4}{Q_4}=q_1+\frac{1}{q_2}+\frac{1}{q_3}+\frac{1}{q_4}=\frac{q_1q_2q_3q_4+q_1q_2+q_1q_4+q_3q_4+1}{q_2q_3q_4+q_2+q_4}$$

上の右端の分数は既約分数かどうか，まだわかっていないが，仮りにそうであったとすれば，次の式が得られる．

$$P_1=q_1$$
$$P_2=q_1q_2+1$$

$$P_3=q_1q_2q_3+q_1+q_3$$
$$P_4=q_1q_2q_3q_4+q_1q_2+q_1q_4+q_3q_4+1$$
$$\cdots\cdots\cdots\cdots\cdots\cdots$$

この数列から

$$P_1=q_1$$
$$P_2=q_1q_2+1$$
$$P_3=q_3(q_1q_2+1)+q_1=q_3P_2+P_1$$
$$P_4=q_4(q_1q_2q_3+q_1+q_3)+(q_1q_2+1)=q_4P_3+P_2$$

一般に，次の漸化式の成り立つことが予想される．

$$P_n=q_nP_{n-1}+P_{n-2}$$

同様にして

$$Q_1=1$$
$$Q_2=q_2$$
$$Q_3=q_2q_3+1=q_3Q_2+Q_1$$
$$Q_4=q_2q_3q_4+q_2+q_4=q_4Q_3+Q_2$$

一般に

$$Q_n=q_nQ_{n-1}+Q_{n-2}$$

これだけ予想したら定理を挙げてもよいだろう．

[4]　$P_n=q_nP_{n-1}+P_{n-2}$,　　$Q_n=q_nQ_{n-1}+Q_{n-2}$　　$(n\geqq 3)$

２つの漸化式は，文字が違うだけで，内容は全く同じものである．

この定理は数学的帰納法によって確かめられるが，練習問題へゆずり，応用へすすむことにする．

×　　　　　　×

上の漸化式を用いれば，数列

$$q_1,\ q_2,\ q_3,\ q_4,\ \cdots\cdots$$

から，$P_1, P_2, P_3, \cdots\cdots$ および $Q_1, Q_2, Q_3, \cdots\cdots$ を順に求めることができる．それには，次のような表を用いるとよい．

n	1	2		$n-2$	$n-1$	n	
q_n	q_1	q_2		q_{n-2}	q_{n-1}	q_n	
P_n	q_1	q_1q_2+1		P_{n-2}	P_{n-1}	$q_nP_{n-1}+P_{n-2}$	
Q_n	1	q_2		Q_{n-2}	Q_{n-1}	$q_nQ_{n-1}+Q_{n-2}$	

n と q_n の欄を最初にうめる．次に P_n, Q_n の欄を左から順にうめてゆく．

応用例を挙げてみる．

例1 連分数

$$3+\frac{1}{2}+\frac{1}{5}+\frac{1}{3}+\frac{1}{4}+\frac{1}{2}$$

において，P_6, Q_6 を求めよ．

n	**1**	**2**	**3**	**4**	**5**	**6**	
q_n	**3**	**2**	**5**	**3**	**4**	**2**	
P_n	**3**	**7**	38	121	522	1165	
Q_n	**1**	**2**	11	35	151	337	

はじめに太字の数をかく．他は漸化式による．

P_n $(n\geqq 3)$ の計算

$$\begin{array}{r} \mathbf{7}\\ \times\ \mathbf{5}\\ \hline 35\\ +\ \mathbf{3}\\ \hline 38 \end{array}\qquad \begin{array}{r} 38\\ \times\ \mathbf{3}\\ \hline 114\\ +\ 7\\ \hline 121 \end{array}\qquad \begin{array}{r} 121\\ \times\ \mathbf{4}\\ \hline 484\\ +\ 38\\ \hline 522 \end{array}\qquad \begin{array}{r} 522\\ \times\ \mathbf{2}\\ \hline 1044\\ +\ 121\\ \hline 1165 \end{array}$$

Q_n $(n\geqq 3)$ の計算

$$\begin{array}{r} \mathbf{2}\\ \times\ \mathbf{5}\\ \hline 10\\ +\ \mathbf{1}\\ \hline 11 \end{array}\qquad \begin{array}{r} 11\\ \times\ \mathbf{3}\\ \hline 33\\ +\ 2\\ \hline 35 \end{array}\qquad \begin{array}{r} 35\\ \times\ \mathbf{4}\\ \hline 140\\ +\ 11\\ \hline 151 \end{array}\qquad \begin{array}{r} 151\\ \times\ \mathbf{2}\\ \hline 302\\ +\ 35\\ \hline 337 \end{array}$$

上の計算で，太字の数字は，表中から読みとった太字の数字である．

× ×

先の漸化式を2元1次不定方程式の解法に用いるには，予備知識として，さらに，次の等式を導いておかなければならない．

[5] $$P_nQ_{n-1}-P_{n-1}Q_n=(-1)^n \qquad (n\geqq 3)$$

前の漸化式を再録すれば

$$P_n=q_nP_{n-1}+P_{n-2}, \qquad Q_n=q_nQ_{n-1}+Q_{n-2}$$

したがって

$$\begin{aligned} P_nQ_{n-1}-P_{n-1}Q_n &=(q_nP_{n-1}+P_{n-2})Q_{n-1}-P_{n-1}(q_nQ_{n-1}+Q_{n-2})\\ &=(-1)(P_{n-1}Q_{n-2}-P_{n-2}Q_{n-1}) \end{aligned}$$

これを反復利用することによって

$$P_nQ_{n-1}-P_{n-1}Q_n=(-1)^{n-2}(P_2Q_1-P_1Q_2)$$

ところが　$P_2Q_1-P_1Q_2=(q_1q_2+1)\cdot 1-q_1\cdot q_2=1$

$$\therefore\quad P_nQ_{n-1}-P_{n-1}Q_n=(-1)^{n-2}=(-1)^n \qquad (n\geqq 3)$$

したがって既約分数　$\dfrac{a}{b}$ $(a, b\in N)$ を連分数に展開したものが

$$q_1+\frac{1}{q_2}+\frac{1}{q_3}+\cdots\cdots+\frac{1}{q_n}$$

であったとすると，$P_n=a$，$Q_n=b$ であるから，定理 [5] より

$$aQ_{n-1}-bP_{n-1}=(-1)^n$$

$$a(-1)^nQ_{n-1}+b(-1)^{n-1}P_{n-1}=1$$

となる．

この式を不定方程式

$$ax+by=c, \qquad (a, b)=1 \qquad ①$$

とくらべることによって，

$$x=(-1)^nQ_{n-1}c, \qquad y=(-1)^{n-1}P_{n-1}c$$

は，① の１組の解であることがわかる． ②

× ×

例２　不定方程式

$$369x+167y=2$$

を解け．

369/167 を連分数に展開するためにユークリッド互除法を行なう．

```
         2
167 ) 369
      334     4
       35 ) 167
            140    1
             27 ) 35
                  27    3
                   8 ) 27
                       24   2
                        3 ) 8
                            6   1
                            2 ) 3
                                2   2
                                1 ) 2
                                    2
                                    0
```

$$\frac{369}{167}=2+\frac{1}{4}+\frac{1}{1}+\frac{1}{3}+\frac{1}{2}+\frac{1}{1}+\frac{1}{2}$$

表によって P_6, Q_6 を

n	1	2	3	4	5	6	7
q_n	2	4	1	3	2	1	2
P_n	2	9	11	42	95	**137**	
Q_n	1	4	5	19	43	**62**	

```
   9       11       42       95
 × 1      × 3      × 2      × 1
   9       33       84       95
 + 2      + 9      +11     + 42
  11       42       95      137
```

$$\begin{array}{r} 4 \\ \times\ 1 \\ \hline 4 \\ +\ 1 \\ \hline 5 \end{array} \qquad \begin{array}{r} 5 \\ \times\ 3 \\ \hline 15 \\ +\ 4 \\ \hline 19 \end{array} \qquad \begin{array}{r} 19 \\ \times\ 2 \\ \hline 38 \\ +\ 5 \\ \hline 43 \end{array} \qquad \begin{array}{r} 43 \\ \times\ 1 \\ \hline 43 \\ +19 \\ \hline 62 \end{array}$$

よって　$n=7$

$$P_{n-1}=P_6=137, \qquad Q_{n-1}=Q_6=62$$

与えられた方程式の解の１つは

$$\begin{cases} x=(-1)^7\cdot 62\cdot 2=-124 \\ y=(-1)^6\cdot 137\cdot 2=274 \end{cases}$$

一般解は

$$\begin{cases} x=-124+167t \\ y=274-369t \end{cases} \qquad (t\in \boldsymbol{Z})$$

× ×

１次不定方程式の解とは直接関係がないが，連分数の応用として，平方根の連分数展開の方法を追加しよう．

たとえば$\sqrt{5}$ならば，次のように計算を行なう．

$$\sqrt{5}=2+\sqrt{5}-2=2+\frac{1}{\sqrt{5}+2}$$

$$\sqrt{5}+2=4+\sqrt{5}-2=4+\frac{1}{\sqrt{5}+2}$$

以下最後の計算になるから

$$\sqrt{5}=2+\frac{1}{4}+\frac{1}{4}+\frac{1}{4}+\frac{1}{4}+\cdots\cdots$$

また$\sqrt{7}$ならば

$$\sqrt{7}=2+\sqrt{7}-2=2+\frac{1}{\dfrac{\sqrt{7}+2}{3}}$$

$$\frac{\sqrt{7}+2}{3}=1+\frac{\sqrt{7}-1}{3}=1+\frac{1}{\dfrac{\sqrt{7}+1}{2}}$$

$$\frac{\sqrt{7}+1}{2}=1+\frac{\sqrt{7}-1}{2}=1+\frac{1}{\dfrac{\sqrt{7}+1}{3}}$$

$$\frac{\sqrt{7}+1}{3}=1+\frac{\sqrt{7}-2}{3}=1+\frac{1}{\sqrt{7}+2}$$

$$\sqrt{7}+2=4+(\sqrt{7}-2)=4+\cfrac{1}{\cfrac{\sqrt{7}+2}{3}}$$

これから先は，上の5回の計算のくり返しになるから

$$\sqrt{7}=2+\frac{1}{1}+\frac{1}{1}+\frac{1}{1}+\frac{1}{4}+\frac{1}{1}+\frac{1}{1}+\frac{1}{1}+\frac{1}{4}+\cdots\cdots$$

§5 イデアル

1次方程式を別の側面から眺めるために，イデアルの概念を導入する．

たとえば，整数 k の倍数全体の集合を M としよう．すなわち

$$M=\{mk \mid m\in \boldsymbol{Z}\}$$

この M には次の3つの性質がある．

(i) M には0以外の整数がある．

(ii) M に属する任意の2つの整数の和も M に属する．すなわち

$$a\in M,\ b\in M \quad ならば \quad a+b\in M$$

(iii) M に属する任意の整数の倍数はすべて M に属する．すなわち

$$a\in M,\ c\in \boldsymbol{Z} \quad ならば \quad ca\in M$$

一般に $\boldsymbol{Z}$ の部分集合 M が，上の3つの条件をみたすとき，M を**イデアル**というのである．

× ×

この3条件からイデアルについていろいろの性質が導かれる．

[6] 任意のイデアルは，ある整数の倍数全体の集合である．

これを証明する．

(i) によって，M には0以外の整数があるから，それを a とすると，(iii) によって

$$(-1)a\in M \qquad \therefore \quad -a\in M$$

$a, -a$ のうちどちらかは正だから，M には正の整数が少なくとも1つはある．

M に属する正の整数のうち最小のものを k としよう．そうすれば (iii) によって a の倍数の集合はすべて M に属する．よって

$$k \text{ の倍数全体の集合} \subset M \qquad ①$$

したがって，M の任意の数が k の倍数であることを示せば目的を達する．

M の任意の数を a とし，a を k で割ったときの商を q，余りを r とすると

$$a=qk+r \qquad ②$$

$$\therefore \quad r=a-qk \qquad (0\leqq r<k)$$

k は M に属するから (iii) によって $(-q)k$ も M に属する．したがって (ii) によって

$$a-qk=a+(-qk)\in M$$

$$\therefore \quad r\in M$$

もし $r\neq 0$ とすると，r は k よりも小さい正の整数になり，k は最小の正の整数であることに矛盾する．したがって $r=0$ であり，② から

$$a=qk$$

すなわち M の任意の数は k の倍数であるから

$$k \text{ の倍数全体の集合} \supset M \qquad ③$$

① と ③ から

$$M=k \text{ の倍数全体の集合}$$

× ×

イデアルは，定義によると加法および整数倍について閉じている．さらに減法についても閉じていることは，たやすく証明される．

[7] 任意のイデアルは減法について閉じている．すなわちイデアル M において

$$a\in M, \quad b\in M \quad \text{ならば} \quad a-b\in M$$

証明はやさしい．

b は M に属するから (iii) によって $(-1)b$ すなわち $-b$ も M に属する．そこで (ii) によって

$$a+(-b)\in M \qquad \therefore \quad a-b\in M$$

× ×

次に，a,b は整数で，その少なくとも1つは0でないとき，a の倍数と b の倍数との和の集合 M，すなわち

$$M=\{ax+by \mid x,y\in \boldsymbol{Z}\}$$

はイデアルであることを明らかにしよう．

イデアルであるための3条件をみたすことを明らかにすればよい．

(i) a,b の少なくとも1つは0でないから，たとえば $a\neq 0$ とすると

$$a=a\cdot 1+b\cdot 0\in M$$

よってMは0以外の整数aを含む.

(ii)　$(ax_1+by_1)+(ax_2+by_2)=a(x_1+x_2)+b(y_1+y_2)\in M$

よって, Mの2つの整数の和もMに属する.

(iii)　cを整数とすると

$$c(ax+by)=a\cdot cx+b\cdot cy\in M$$

よって, Mの任意の整数の倍数もまたMに属する.

例1を一般化して, 次の定理がえられる.

[8]　$a_1, a_2, \cdots\cdots, a_n$ は整数で, そのうち少なくとも1つが0でないならば, これらの整数の倍数の和の集合

$$M=\{a_1x_1+a_2x_2+\cdots\cdots+a_nx_n \mid x_1, x_2, \cdots\cdots, x_n\in \boldsymbol{Z}\}$$

はイデアルである.

×　　　　　　×

以上の準備があると, 次の定理が導かれる.

[9]　a, bは整数で, 少なくとも1つは0でないならば

$$ax+by=k$$

が整数解をもつための必要十分条件は, kが(a, b)で割り切れることである.

必要条件であることは明らかだから, 十分条件であることを明らかにすればよい.

a, bの少なくとも1つは0でないから定理[8]によって$ax+by$の集合Mはイデアルである. したがって, 定理[6]により, Mはある正の整数pの倍数全体の集合に等しい.

$$M=p\text{ の倍数全体の集合}$$

pはMに属するから

$$p=ax+by \qquad (x, y\in \boldsymbol{Z})$$

と表わされる.

このpがgと一致することを証明すれば, 目的を達する.

gはa, bの最大公約数だから, $ax+by$ すなわちpの約数である.

$$g\text{ は }p\text{ の約数} \qquad ①$$

一方a, bはMに属するから, pはa, bの約数である. したがってpはa, bの公約数だから, 最大公約数gの約数である.

$$p \text{ は } g \text{ の約数} \qquad ②$$

①,② から

$$p=g \quad \text{または} \quad p=-g$$

p, g は正だから

$$p=g$$

$ax+by=k$ の左辺は $g=(a,b)$ の倍数全体の集合だから，k が g の倍数ならば，これをみたす x, y の整数値がある．

定理 [9] を一般化すれば，次の定理になる．

[9′] $a_1, a_2, \cdots\cdots, a_n$ は整数で，少なくとも1つは0でないならば，1次不定方程式

$$a_1x_1+a_2x_2+\cdots\cdots+a_nx_n=k$$

が整数解をもつための必要十分条件は，k が $(a_1, a_2, \cdots\cdots, a_n)$ で割り切れることである．

このように，イデアルを用いると，1次不定方程式が整数解をもつための条件を明らかにすることはできるが，整数解を求めることに対しては無力である．この点ユークリッドの互除法は，解の存在条件の証明と同時に，解自身を求めることもできるわけで，強力なのに驚かされる．

練 習 問 題 3

問題

1．次の不定方程式の整数解をすべて求めよ．

(1) $7x+12y=23$

(2) $156x-42y=30$

2．次の不定方程式の整数解をすべて求めよ．

(1) $2x-3y+5z=83$

(2) $\begin{cases} x+6y-7z=4 \\ 3x-3y+5z=19 \end{cases}$

ヒントと略解

1．(1) $x=-115+12t$，$y=69-7t$，$(t\in\boldsymbol{Z})$

(2) 両辺を6で割って $26x-7y=5$ この1組の解は $x=1$，$y=3$，一般の解は $x=1-7t$，$y=3-26t$，$(t\in\boldsymbol{Z})$

2．(1) $2(x-2y+2z)+y+z=83$，$x-2y+2z=s$ とおけ．一般解 $x=166-3s-4t, y=83-2s-t$，$z=t$，$(t\in\boldsymbol{Z})$

(2) x を消去せよ．$21y-26z=-7$ この解は $y=-35-26t$，$z=-28-21t$ これを第1式に代入して $x=18+9t$，$(t\in\boldsymbol{Z})$

3．次の分数を連分数に展開せよ．

(1) $\dfrac{25}{7}$　　(2) $\dfrac{355}{112}$

4．連分数

$$7+\frac{1}{6}+\frac{1}{5}+\frac{1}{4}+\frac{1}{3}+\frac{1}{2}$$

を公式を用いて簡単にせよ．

5．連分数

$$q_1+\frac{1}{q_2}+\frac{1}{q_3}+\frac{1}{q_4}+\cdots\cdots$$

において，$n\geqq 3$ のとき

$$P_n=q_nP_{n-1}+P_{n-2}$$

$$Q_n=q_nQ_{n-1}+Q_{n-2}$$

が成り立つことを数字的帰納法によって証明せよ．

6．$\sqrt{2}$ を連分数に展開せよ．

3．(1) $3+\dfrac{1}{1}+\dfrac{1}{1}+\dfrac{1}{3}$　(2) $3+\dfrac{1}{5}+\dfrac{1}{1}+\dfrac{1}{8}+\dfrac{1}{2}$

4．6961/972

5．$P_1=q_1$，$Q_1=1$，$P_2=q_1q_2+1$，$Q_2=q_2$ であったから $n=3$ のときは成り立つ．n 以下のとき成り立つとして $n+1$ にも成り立つことを示す．

$\dfrac{P_{n+1}}{Q_{n+1}}=q_1+\dfrac{1}{q_2}+\cdots+\dfrac{1}{q_n}+\dfrac{1}{q_{n+1}}$ は $\dfrac{P_n}{Q_n}$ で q_n に $q_n+\dfrac{1}{q_{n+1}}$ を代入して求められる．したがって

$$\frac{P_{n+1}}{Q_{n+1}}=\frac{\left(q_n+\dfrac{1}{q_{n+1}}\right)P_{n-1}+P_{n-2}}{\left(q_n+\dfrac{1}{q_{n+1}}\right)Q_{n-1}+Q_{n-2}}=\frac{q_{n+1}P_n+P_{n-1}}{q_{n+1}Q_n+Q_{n-1}}$$

P_n と Q_n，P_{n-1} と Q_{n-1} が互いに素ならば，P_{n+1} と Q_{n+1} も互いに素である（証明せよ）から，分子どうし，分母どうしは等しい．

6．$1+\dfrac{1}{2}+\dfrac{1}{2}+\dfrac{1}{2}+\cdots\cdots$

★ 現代における古典整数論

第4章　合　同

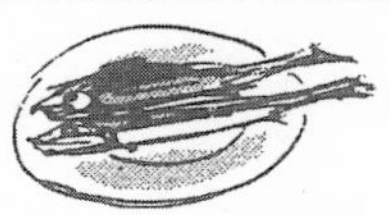

はじめに　2つの整数a, bの差が正の整数kの整数倍であるとき，aとbはkをモズラスとして合同といい

$$a \equiv b \pmod{k}$$

と表わすのである．

この合同は同値関係であって，ふつうの相等に似た性質があり，表わし方のいかめしさに似ず取扱いは簡単で，応用も広い．

このような便利なものは，少なくとも高校から使い慣れるのがよいと思うのだが，数学教育において課題になったことがないのは不思議である．

最近，小学校から，整数の剰余類を取扱うようになった．モズラス代数と剰余類とは，荷車の両輪のようなものであるのに，一方のみを重視するのは片手落ちというものである．

この合同の概念は整数の専有物ではない．高校でみると，一般角でも有用である．たとえば

$$\tan\alpha = \tan\beta$$

のとき，α, βの関係を

$$\alpha = n\pi + \beta \quad (n \in \boldsymbol{Z})$$

とかくが，これは$\alpha - \beta$がπの整数倍であることであるから

$$\alpha \equiv \beta \pmod{\pi}$$

とも表わされるわけで，この方が便利のことが多い．

同様のことは，複素数の偏角でも起きる．　$z = \dfrac{1+i}{\sqrt{2}}$　のとき

$$\arg z = \frac{\pi}{4}$$

とかいたり

$$\arg z = 2n\pi + \frac{\pi}{4} \quad (n \in \boldsymbol{Z})$$

とかいたりする．学生はどちらの表わし方をとるのかで迷う．とくにことわりがないときは，後者とみるべきで，これは合同を用い

$$\arg z \equiv \frac{\pi}{4} \pmod{2\pi}$$

と表わすことにすればスッキリするだろう．

とにかく，合同は使い慣れることがたいせつである．いくつかの基本法則を導いたら，いろいろの応用を試みることによって，等式なみに使えるようにしたいものである．

§1　合同とその性質

整数の合同とはなにか．k を正の整数とするとき，2つの整数 a, b の差が k で割り切れるとき，すなわち

$$a-b=mk \qquad (m\in \boldsymbol{Z}) \qquad ①$$

のとき，a, b は k を**モズラスとして合同**であるといい

$$a\equiv b \qquad (\mathrm{mod}\ k) \qquad ②$$

と表わす．

たとえば $13-7=6$ は3の倍数だから

$$13\equiv 7 \qquad (\mathrm{mod}\ 3)$$

また $(-10)-2=-12$ は3の倍数だから

$$-10\equiv 2 \qquad (\mathrm{mod}\ 3)$$

また $15-0=15$ は3の倍数だから

$$15\equiv 0 \qquad (\mathrm{mod}\ 3)$$

a と b が k をモズラスとして合同であるときは，a, b を k で割ったときの余りを r_1, r_2 とすると

$$a=kq_1+r_1, \qquad b=kq_2+r_2 \qquad (q_1, q_2\in \boldsymbol{Z})$$

$$a-b=k(q_1-q_2)+(r_1-r_2) \qquad ③$$

これと①とから

$$r_1-r_2=k(m-q_1+q_2)$$

右辺は k の倍数で，左辺の絶対値は k より小さいから，この等式が成り立つためには

$$r_1-r_2=0 \qquad \therefore \quad r_1=r_2$$

逆に $r_1=r_2$ ならば③から

$$a-b=k(q_1-q_2)$$

となるので②は成り立つ．

以上によって，a と b が k をモズラスとして合同であることは，a, b を k で割ったときの余りが等しいことと同値であることがわかる．

➡注　k は負の整数でもよいが，負の数 k で割り切れれば正の数 $-k$ でも割り切れるから，k を正の数に制限しても，理論的には困らない．

とくに，整数 a が k の倍数であることは

$$a\equiv 0 \quad (\mathrm{mod}\ k)$$

と表わされることを注意しておこう．

要するに，a,b が k をモズラスとして合同であることは，a,b において，k の倍数を無視することである．

×　　　　×

この合同を利用しようとすると，合同についての法則が必要になる．その法則はたくさんあるが基本になるのは意外と少ない．整数における等式との異同を比較しながら学ぶのが望ましい．

はじめに，合同は同値律をみたし，したがって同値関係であることを明らかにしよう．

[1]　反射律　$a\equiv a \quad (\mathrm{mod}\ k)$

[2]　対称律　$a\equiv b \quad (\mathrm{mod}\ k)$　ならば　$b\equiv a \quad (\mathrm{mod}\ k)$

[3]　推移律　$a\equiv b \quad (\mathrm{mod}\ k)$

$$a\equiv b\ (\mathrm{mod}\ k),\quad b\equiv c\ (\mathrm{mod}\ k)\quad \text{ならば}\quad a\equiv c\ (\mathrm{mod}\ k)$$

証明はやさしい．合同の定義①にもどってみよ．

反射律は $a-a=0=0k$ $(0\in\boldsymbol{Z})$ から明らか．

対称律は

$$a-b=mk\ (m\in\boldsymbol{Z})\ \text{ならば}$$
$$b-a=-mk=(-m)k \qquad (-m\in\boldsymbol{Z})$$

となることから明らか．

推移律は

$$a-b=mk,\quad b-c=nk \qquad (m,n\in\boldsymbol{Z})$$

のとき

$$a-c=(a-b)+(b-c)=(m+n)k \qquad (m+n\in\boldsymbol{Z})$$

となることから明らか．

➡注　一般に集合 E の2元 a,b に関係 R があることを $a\mathrm{R}b$ で表わすとき，次の3つの法則を同値律という．

反射律　$a\mathrm{R}a$

対称律　$a\mathrm{R}b$　ならば　$b\mathrm{R}a$

推移律　$a\mathrm{R}b$，$b\mathrm{R}c$　ならば　$a\mathrm{R}c$

関係 R が同値律をみたすとき，R は同値関係であるという．

以上の3つの法則からは合同と演算の関係は導けない．

×　　　　　　　　×

合同と演算の関係についての法則の表わし方はいろいろ考えられる．ここでは高校における等式の性質を考慮し，それに似たものから挙げることにする．

[4]　合同と加法

$$a\equiv b \pmod{k} \quad \text{ならば} \quad a+c\equiv b+c \pmod{k}$$

[5]　合同と減法

$$a\equiv b \pmod{k} \quad \text{ならば} \quad a-c\equiv b-c \pmod{k}$$

[6]　合同と乗法

$$a\equiv b \pmod{k} \quad \text{ならば} \quad ac\equiv bc \pmod{k}$$

いうまでもなく，c は整数である．

証明はやさしい．仮定により $a-b=mk$ ($m\in\mathbb{Z}$)，したがって

$$(a+c)-(b+c)=a-b=mk$$

$$(a-c)-(b-c)=a-b=mk$$

$$ac-bc=(a-b)c=mck$$

明らかに，3つの法則が成り立つ．

これらの法則は独立でない．たとえば，[5] は [4] の c に $-c$ を代入することによって導かれる．

以上の法則のままでは応用上不便であるから，レンマとして，次の法則を誘導しておこう．

[7]　$a_1\equiv b_1 \pmod{k}$，　$a_2\equiv b_2 \pmod{k}$ ならば

（i）　$a_1+a_2\equiv b_1+b_2 \pmod{k}$

(ii)　$a_1-a_2\equiv b_1-b_2 \pmod{k}$

(iii)　$a_1a_2\equiv b_1b_2 \pmod{k}$

先の3つの法則から導く．煩雑さをさけるため mod k を略す．

（i）　$a_1\equiv b_1$　から　$a_1+a_2\equiv b_1+a_2$　　[4] による．

　　$a_2\equiv b_2$　から　$b_1+a_2\equiv b_1+b_2$　　[4] による．

　　$\therefore\ a_1+a_2\equiv b_1+b_2$　　[3] による．

(ii)　$a_2\equiv b_2$ の両辺に -1 をかけて

　　$-a_2\equiv -b_2$　　[6] による．

　　$a_1+(-a_2)\equiv b_1+(-b_2)$　　[4] [7] の（i）による．

$\therefore\ a_1-a_2\equiv b_1-b_2$

(iii) $a_1\equiv b_1$ から $a_1a_2\equiv b_1a_2$ [6] による．

$a_2\equiv b_2$ から $b_1a_2\equiv b_1b_2$ [6] による．

$\therefore\ a_1a_2\equiv b_1b_2$ [3] による．

さらに，(iii) を反復利用することによって

[8] n が正の整数のとき

$$a\equiv b \pmod{k} \quad ならば \quad a^n\equiv b^n \pmod{k}$$

×　×

合同では，[4], [5] が成り立つことから，ある辺の数は，その符号をかえて反対の辺へ移してもよいこと，すなわち移項の原理の成り立つことも導かれる．

たとえば

$$a+c\equiv b \pmod{k} \quad ならば \quad a\equiv b-c \pmod{k}$$

$$a-c\equiv b \pmod{k} \quad ならば \quad a\equiv b+c \pmod{k}$$

×　×

等式では両辺を 0 でない数で割ることができたが，合同の式では，それが一般にはできない．すなわち

$$a\equiv b \pmod{k} \quad ならば \quad ac\equiv bc \pmod{k}$$

は正しいが，この逆

$$ac\equiv bc \pmod{k} \quad ならば \quad a\equiv b \pmod{k}$$

は，一般には正しくない．

たとえば $19\times3-5\times3=7\times6$ であるから

$$19\times3\equiv5\times3 \pmod{6}$$

は正しいけれども，両辺を 3 で割った

$$19\equiv5 \pmod{6}$$

は正しくない．しかし，mod 6 の 6 も 3 で割って mod 2 とすれば

$$19\equiv5 \pmod{2}$$

は正しい．

これを一般化すると，次の定理になる．

[9] $a\equiv b \pmod{k} \Longleftrightarrow ac\equiv bc \pmod{kc}$

$a\equiv b \pmod{k}$ ならば

$$a-b=mk \quad (m\in\boldsymbol{Z})$$

$$\therefore \quad (a-b)c=m\cdot kc \quad (m\in\boldsymbol{Z})$$

$$\therefore \quad ac\equiv bc \pmod{kc}$$

したがって ⇒ は正しい．以上の推論は逆も成り立つから ⇐ も正しい．

さらに一般化して，次の法則が成り立つ．

[10]　$ac\equiv bc \pmod{k}$ で，かつ c と k が互いに素ならば

$$a\equiv b \pmod{k}$$

これを証明しよう．仮定から

$$ac-bc=(a-b)c=mk \qquad (m\in\boldsymbol{Z})$$

よって mk は c で割り切れる．ところが k と c は互いに素だから，m は c で割り切れる．よって $m=m'c$ とおくと

$$(a-b)c=m'ck \quad \therefore \quad a-b=m'k \qquad (m'\in\boldsymbol{Z})$$

$$\therefore \quad a\equiv b \pmod{k}$$

さらに一般化したのが，次の法則である．

[11]　$ac\equiv bc \pmod{k}$ のとき，c, k の最大公約数を g とすれば

$$a\equiv b \quad \left(\mathrm{mod}\ \frac{k}{g}\right)$$

証明には [9], [10] を用いる．

c, k を g で割ったときの商をそれぞれ c', k' とおくと

$$c=c'g, \quad k=k'g \quad (c', k' \text{ は互いに素})$$

仮定に代入して

$$ac'g\equiv bc'g \pmod{k'g}$$

[9] によって

$$ac'=bc' \pmod{k'}$$

ここで (c', k') は互いに素だから [10] によって

$$a\equiv b \pmod{k'}$$

すなわち

$$a\equiv b \quad \left(\mathrm{mod}\ \frac{k}{g}\right)$$

➡注　c, k の最大公約数を (c, k) で表わすならば，[11] は

$$ac\equiv bc \pmod{k} \quad \text{ならば} \quad a\equiv b \left(\mathrm{mod}\ \frac{k}{(c,k)}\right)$$

と表わされる．[9] は，$(c,k)=1$ の特殊な場合で

$$\left.\begin{array}{l} ac\equiv bc \pmod{k} \\ (c,k)=1 \end{array}\right\} \text{ ならば } a\equiv b \pmod{k}$$

となる．

§2　合同の応用

ここで，合同に慣れるため，応用例を挙げよう．

合同に関する式の計算は，加法，減法，乗法に関する限り，実数についての等式と変わらない．注意を要するのは除法だけである．

例1　3^{100} を7で割ったときの余りを求めよ．

3^n のうち7で割ったときの余りが1になる場合をみつける．

$$3^2 \equiv 9 \equiv 2 \pmod 7 \qquad 3^6 \equiv 2^3 \equiv 8 \equiv 1 \pmod 7$$

$3^{100} = 3^{6\times16+4} = (3^6)^{16}3^4$ であるから

$$3^{100} \equiv 1\cdot3^4 \pmod 7$$

$3^4 = 81$ だから $3^4 \equiv 4 \pmod 7$　　$3^{100} \equiv 4 \pmod 7$

よって 3^{100} を7で割ったときの余りは4である．

例2　整数を9で割ったときの余りは，各位の数字の和を9で割ったときの余りに等しいことを，4桁の整数について証明せよ．

4桁の整数 N の各位の数字を上から順に a, b, c, d とすれば

$$N = 10^3a + 10^2b + 10c + d$$

しかるに　$10 \equiv 1 \pmod 9$ であるから

$$10^2 \equiv 1^2, \quad 10^3 \equiv 1^3 \pmod 9$$

$$\therefore\ 10^2 \equiv 1, \quad 10^3 \equiv 1 \pmod 9$$

よって

$$10^3a + 10^2b + 10c + d \equiv 1a + 1b + 1c + d \pmod 9$$

$$N \equiv a + b + c + d \pmod 9$$

これで証明が終った．

この例1から「N が9で割り切れるための必要十分条件は $a+b+c+d$ が9で割り切れること」が導かれる．

例3　$f(x) = ax^3 + bx^2 + cx + d$ の係数が整数のとき

$x \equiv y \pmod k$ ならば $f(x) \equiv f(y) \pmod k$

が成り立つことを証明せよ．

法則[4]〜[8]をフルに用いる．

また $x \equiv y \pmod k$ から $x^2 \equiv y^2$，$x^3 \equiv y^3 \pmod k$

よって

$$ax^3 \equiv ay^3 \pmod{k}$$

$$bx^2 \equiv by^2 \pmod{k}$$

$$cx \equiv cy \pmod{k}$$

なお

$$d \equiv d \pmod{k}$$

これらの両辺をそれぞれ加えて

$$ax^3+bx^2+cx+d \equiv ay^3+by^2+cy+d \pmod{k}$$

$$f(x) \equiv f(y) \pmod{k}$$

例3は，係数が整数の任意の多項式 $f(x)$ についていえる．

例4　n が奇数のとき $5^n-3^n-2^n$ は 30 で割り切れることを証明せよ．

$30=2\times3\times5$ であって，2, 3, 5 は互いに素であるから，30 で割り切れることを示すには，2, 3, 5 でそれぞれ割り切れることを証明すればよい．

$$N=5^n-3^n-2^n$$

$5\equiv1$，$3\equiv1 \pmod{2}$ であるから $5^n\equiv1$，$3^n\equiv1 \pmod{2}$，

さらに $2^n\equiv0 \pmod{2}$ だから

$$5^n-3^n-2^n\equiv1-1-0 \pmod{2}$$

$$N\equiv0 \pmod{2}$$

よって，N は 2 で割り切れる．

$5\equiv-1$，$2\equiv-1 \pmod{3}$ から $5^n\equiv(-1)^n$，$2\equiv(-1)^n \pmod{3}$，

なお $3^n\equiv0 \pmod{2}$ だから

$$5^n-3^n-2^n\equiv(-1)^n-0-(-1)^n \pmod{3}$$

$$N\equiv0 \pmod{3}$$

よって，N は 3 で割り切れる．

次に $3\equiv-2 \pmod{5}$ から $3^n\equiv(-2)^n \pmod{5}$

n は奇数であるから

$$3^n\equiv-2^n \pmod{5}$$

さらに，$5^n\equiv0 \pmod{5}$ だから

$$5^n-3^n-2^n\equiv0-(-2^n)-2^n \pmod{5}$$

$$N\equiv0 \pmod{5}$$

よって，N は 5 で割り切れる．

以上によって N は $2\times3\times5=30$ で割り切れる．

例5　n が自然数のとき $f(n)=6^n-5n+24$ は25で割り切れることを証明せよ.

数学的帰納法によって証明してみよう.

$f(1)=6-5+24=25$ は25で割り切れる. よって $f(n)$ は25で割り切れるとして $f(n+1)$ は25で割り切れることを示せばよい.

$$f(n+1)-f(n)=\{6^{n+1}-5(n+1)+24\}-\{6^n-5n+24\}$$
$$=6^{n+1}-6^n-5=5\cdot 6^n-5=5(6^n-1)$$

しかるに $6\equiv 1 \pmod 5$ であるから　$6^n\equiv 1 \pmod 5$

6^n-1 は5で割り切れるから, $5(6^n-1)$ は25で割り切れる. よって

$$5(6^n-1)=25m \quad (m\in\boldsymbol{Z})$$

とおくと

$$f(n+1)=f(n)+25m$$

よって $f(n)$ が25で割り切れれば, $f(n+1)$ も25で割り切れる.

➡**注**　このほかに n を5で割ったときの余りで分類する方法も考えられる.

すなわち $n=5m+r$ $(r=0,1,2,3,4)$ の5つの場合に分ける.

$$f(5m+r)=6^{5m+r}-25m-5r+24$$
$$=(6^5)^m6^r-25(m-1)-5r-1$$

ところが $6^5\equiv 1 \pmod{25}$ であるから

$$f(5m+r)\equiv 6^r-5r-1 \pmod{25}$$

$r=0$ のとき　$f(5m)\equiv 1-1\equiv 0 \pmod{25}$

$r=1$ のとき　$f(5m+1)\equiv 6-5-1\equiv 0 \pmod{25}$

$r=2$ のとき　$f(5m+2)\equiv 6^2-10-1\equiv 25\equiv 0 \pmod{25}$

$r=3$ のとき　$f(5m+3)\equiv 6^3-15-1=200\equiv 0 \pmod{25}$

$r=4$ のとき　$f(5m+4)\equiv 6^4-20-1=1275\equiv 0 \pmod{25}$

よって $f(5m+r)$ は $r=0,1,2,3,4$ のとき25で割り切れる.

§3　剰　余　類

整数全体$\boldsymbol{Z}$は5で割ったときの余りが等しいかどうかによって4つの部分集合に分けられる.

余りが0のもの　$\{\cdots\cdots, -10, -5, 0, 5, 10, \cdots\cdots\}=A$

余りが1のもの　$\{\cdots\cdots, -9, -4, 1, 6, 11, \cdots\cdots\}=B$

余りが2のもの　$\{\cdots\cdots, -8, -3, 2, 7, 12, \cdots\cdots\}=C$

余りが3のもの　$\{\cdots\cdots, -7, -2, 3, 8, 13, \cdots\cdots\} = D$

余りが4のもの　$\{\cdots\cdots, -6, -1, 4, 9, 14, \cdots\cdots\} = E$

これらは，$\boldsymbol{Z}$ の部分集合であって，しかも，次の3つの条件をみたす．

(i)　どれも空集合でない．

(ii)　どの2つにも，共通な元がない．

(iii)　すべての部分集合の合併は $\boldsymbol{Z}$ に等しい．

このとき，これらの部分集合を $\boldsymbol{Z}$ の**類**（**クラス**）といい，このような数に $\boldsymbol{Z}$ を分けることを $\boldsymbol{Z}$ の**類別**という．

上の類別は，余りが等しいかどうかによって行なったもので，このときの類を剰余類という．この類別は5をモズラスとする合同によって，合同なものどうしを集めて部分集合を作ったものとみることもできる．

剰余類は，その中に含まれるどれか1つの数によって定まる．したがって，1つの剰余類は，その中の1つの数で表わすことができる．その1つの数を剰余類の**代表**または**代表元**という．

たとえば，モズラス5の剰余類 A, B, C, D, E の代表は，次のように，いろいろの選び方がある．

A	B	C	D	E
0	1	2	3	4
-5	-4	-3	-2	-1
10	11	12	13	14
……	……	……	……	……

このように，すべての剰余類から1つずつ選んだ代表の組を**完全剰余系**という．上の例でみると，完全剰余系としては，5で割ったときの余り

$$0,\ 1,\ 2,\ 3,\ 4$$

が広く用いられる．そして，これらの数で代表される類を，それぞれ

$$C_0,\ C_1,\ C_2,\ C_3,\ C_4$$

で表わす．

集合の表わし方によるなら

$$C_r = \{x \mid x \in \boldsymbol{Z},\ x \equiv r \pmod 5\}$$

初歩的方法で表わすなら

$$C_r = \{5m + r \mid m \in \boldsymbol{Z}\}$$

以上では，5を例にとって説明したが，このことは，任意の正の整数 k につ

いていえる．

モズラス k のときの剰余類は，完全剰余系として

$$0,\ 1,\ 2,\ \cdots\cdots,\ k-1$$

をとるならば

$$C_0,\ C_1,\ C_2,\ \cdots\cdots,\ C_{k-1}$$

で表わされる．

×　　　　×

応用例を挙げてみよう．

例1　すべての完全数は，次のいずれかの形に表わされることを証明せよ．

$$5n,\ 5n+1,\ 5n-1 \qquad (n\in\boldsymbol{Z})$$

$\boldsymbol{Z}$ をモズラス5の剰余類に分けてみよ．$\boldsymbol{Z}$ の任意の数を x とすると

$$x=5m,\ 5m+1,\ 5m+2,\ 5m+3,\ 5m+4 \quad (m\in\boldsymbol{Z})$$

$x=5m$ のとき　　$x^2=25m^2=5n$

$x=5m+1$ のとき　　$x^2=5(5m^2+2m)+1=5n+1$

$x=5m+2$ のとき　　$x^2=5(5m^2+4m+1)-1=5n-1$

$x=5m+3$ のとき　　$x^2=5(5m^2+6m+2)-1=5n-1$

$x=5m+4$ のとき　　$x^2=5(5m^2+8m+3)+1=5n+1$

この解では，剰余類の代表として $0,1,2,3,4$ を選んだが，もし

$$0,\ 1,\ 2,\ -2,\ -1$$

を選ぶならば，剰余類は

$$5m,\quad 5m\pm1,\quad 5m\pm2$$

と表わされるので，証明は簡単になる．すなわち

$x=5m$ のとき　　$x^2=25m^2=5n$

$x=5m\pm1$ のとき　　$x^2=5(5m^2\pm2m)+1=5n+1$

$x=5m\pm2$ のとき　　$x^2=5(5m^2\pm4m+1)-1=5n-1$

このように，完全剰余系として，絶対値が最小のものを選ぶことは，問題によっては有効である．

×　　　　×

剰余類では既約類という概念が重要である．

モズラス k の剰余類において，k と互いに素なる数から成っている類を，**既約剰余類**という．

たとえば，モズラス 6 の剰余類

$$C_0,\quad C_1,\quad C_2,\quad C_3,\quad C_4,\quad C_5 \qquad ①$$

の任意の剰余類 C_r をみると，これに属する数は

$$6m+r \quad (m\in \mathbf{Z})$$

で表わされる．ところが，これと 6 との最大公約数は，定理によって

$$(6m+r,\ 6)=(r,\ 6)$$

であったから，r と 6 が互いに素ならば，C_r のすべての数は 6 と互いに素である．また，r と 6 が互いに素でなく，最大公約数 $g\ (g>1)$ をもったとすると，C_r のすべての数と 6 との最大公約数も g になって，C_r のすべての数と 6 とは互いに素にはならない．

以上から ① のうち，既約剰余類は

$$C_1,\qquad C_5$$

の 2 つであることがわかる．

数を並べ確かめておこう．

$$C_0=\{\cdots\cdots,-12,-6,0,\ 6,12,\cdots\cdots\}\quad 6\text{ の倍数}$$
$$C_1=\{\cdots\cdots,-11,-5,1,\ 7,13,\cdots\cdots\}\quad 6\text{ と互いに素}$$
$$C_2=\{\cdots\cdots,-10,-4,2,\ 8,14,\cdots\cdots\}\quad 2\text{ の倍数}$$
$$C_3=\{\cdots\cdots,\ -9,-3,3,\ 9,15,\cdots\cdots\}\quad 3\text{ の倍数}$$
$$C_4=\{\cdots\cdots,\ -8,-2,4,10,16,\cdots\cdots\}\quad 2\text{ の倍数}$$
$$C_5=\{\cdots\cdots,\ -7,-1,5,11,17,\cdots\cdots\}\quad 6\text{ と互いに素}$$

一般に，モズラス k の剰余類

$$C_0,\ C_1,\ C_2,\ \cdots\cdots,\ C_{k-1}$$

の中の既約剰余類は，$0,1,2,\cdots\cdots,k-1$ のうち，k と互いに素になる数で代表される類である．

k より小さい自然数のうち，k と互いに素なる数の個数はオイラーの関数 $\varphi(k)$ の値であったから，次の定理が知られる．

[12]　モズラス k の既約剰余類の個数は

$$\varphi(k)$$

に等しい．

例 2　モズラス 18 の既約剰余類はいくつあるか．それをすべて求めよ．

$18=2\cdot 3^2$ であるから，公式によって

$$\varphi(18)=2\cdot3^2\left(1-\frac{1}{2}\right)\left(1-\frac{1}{3}\right)=6$$

よって，既約剰余類の数は6である．

1から17までの数のうち18と互いに素なるものは

$$1,\ 5,\ 7,\ 11,\ 13,\ 17$$

であるから，これらの数によって代表される類

$$C_1,\ C_5,\ C_7,\ C_{11},\ C_{13},\ C_{17}$$

が求める既約剰余類である．

×　　　　　　×

例2で求めた1,5,7,11,13,17のように，すべての既約剰余類の代表の集合を，**既約剰余系**ともいう．

例3　モズラス12に関する既約剰余系のうち，絶対値が最小のものを求めよ．

$\varphi(12)=4$ だから，既約剰余系の数は4である．$1,2,3,\cdots\cdots11$ のうち，12と互いに素であるのは1,5,7,11である．

$$11\equiv11-12=-1,\quad 7\equiv7-12\equiv-5\pmod{12}$$

よって，絶対値の最小な代表は

$$1,\ 5,\ -5,\ -1$$

である．

×　　　　　　×

既約剰余類系には次の定理がある．

[13]　$c_1, c_2, \cdots\cdots, c_r$ がモズラス k に関する既約剰余系であって，かつ，a と k と互いに素ならば

$$ac_1,\ ac_2,\ \cdots\cdots,\ ac_r \qquad ①$$

も，モズラス k に関する既約剰余系である．

$c_1, c_2, \cdots\cdots, c_r$ の任意の1つを c_i とすると

$$(c_i, k)=1$$

また仮定により

$$(a, k)=1$$

したがって　　　　$(ac_i, k)=1$

① の中の数はすべて k と素であることがわかったから，① の中に同じ剰余類に属するものがないことをいえばよい．背理法による．

もし，ac_i と ac_j $(i \neq j)$ とが，同じ剰余類に属したとすると

$$ac_i \equiv ac_j \pmod{k}$$

a と k は互いに素だから，両辺を a で割った

$$c_i \equiv c_j \pmod{k} \qquad ②$$

も成り立つ．ところが $i \neq j$ だから，② が成り立つことはあり得ない．

これで ① は既約剰余系であることが明らかにされた．

×　　　　　　　　×

たとえば例2によるとモズラス18の既約剰余系は

$$1, 5, 7, 11, 13, 17 \qquad ①$$

であった．これに18と互いに素である数，たとえば7をかけてみると

$$7, 35, 49, 77, 91, 119$$

これらを18で割った余りを求めてみると，それぞれ

$$7, 17, 13, 5, 1, 11$$

これは順序を無視するならば，はじめの既約剰余系 ① と同じものである．

18と互いに素でない数，たとえば6を ① にかけてみると

$$6, 30, 42, 66, 78, 102 \qquad ②$$

これを18で割った余りを求めると

$$6, 12, 6, 12, 6, 12$$

これは ① と一致しない．② は3の倍数だから，当然である．

§4　1次の合同式

係数が整数で x の整式を $f(x), g(x)$ とするとき，合同式

$$f(x) \equiv g(x) \pmod{k}$$

をみたす x の整数値を求めることを，この合同式を**解く**といい，その x の整数値全体を**解**という．

ここでは合同式のうちで最も簡単な**1次合同式**，すなわち

$$ax \equiv b \pmod{k} \qquad ①$$

の解き方について考える．

① は y を整数とすると等式

$$ax + ky = b \qquad ②$$

と同じものである．したがって合同式①を解くことと，不定方程式②を解くこととは同じことであって，次の定理に気付く．

[14]　1次合同式　　$ax \equiv b \pmod{k}$　　①

が解をもつための必要十分条件は，b が (a, k) で割り切れることである．

したがって，$(a, k)=1$ の場合を考えれば十分である．このとき①は1つの解がわかれば，残りのすべての解がわかる．①の1つの解を x_0 とすると，モズラス k の剰余類のうち x_0 の代表する類のすべての数もまた解になり，これ以外には解がないからである．

x_0 は①をみたすから

$$ax_0 \equiv b \pmod{k} \qquad ②$$

①の任意の解を x とすると，x は①をみたす．①と②から

$$ax \equiv ax_0 \pmod{k}$$

ところが $(a, k)=1$ だから，両辺を a で割って

$$x \equiv x_0 \pmod{k}$$

よって①のすべての解は x_0 と合同な数全体，すなわち x_0 によって代表される剰余類に属するすべての数である．

この解は

$$x = x_0 + mk \quad (m \in \boldsymbol{Z})$$

とも表わされる．

以上で知ったことを定理としてまとめておく．

[15]　$(a, k)=1$ のとき $ax \equiv b \pmod{k}$ の解は，その1つを x_0 とすればすべての解は，x_0 の属するモズラス k の剰余類の数，すなわち

$$x = x_0 + mk \quad (m \in \boldsymbol{Z})$$

である．

×　　　　　　×

例1　次の合同式を解け．

$$12x \equiv 20 \pmod{7}$$

4は7と互いに素であるから，両辺を4で割った

$$3x \equiv 5 \pmod{7}$$

を解けばよい．

解はモズラス7の剰余類の1つであるから，代表として，x に $0, 1, 2, \cdots\cdots, 6$

を代入してみればよい．

$$3\times 0\equiv 0,\ 3\times 1\equiv 3,\ 3\times 2\equiv 6,\ 3\times 3\equiv 9\equiv 2,\ 3\times 4\equiv 12\equiv 5 \pmod 7$$

よって，4が解の1つ．一般解は

$$x=7m+4 \quad (m\in\boldsymbol{Z})$$

である．

×　　　　　　　　　×

例1の解き方は次のようにモズラスが大きいと効率が悪い．

例2　次の合同式を解け．

$$8x\equiv 21 \pmod{53} \qquad ①$$

このようなときは，1次不定方程式の場合と同様に，ユークリッドの互除法と類似の考えを用いる．53から8の倍数をひいて　$53=8\cdot 7-3$

$$8\cdot 7\equiv 3 \pmod{53}$$

一方①の両辺に53と互いに素なる7をかけて

$$8\cdot 7x\equiv 147 \pmod{53}$$

これは①と同値である．これと上の2式とから　②

$$3x\equiv 147 \pmod{53}$$

右辺から53の3倍をひいて

$$3x\equiv -12 \pmod{53} \qquad ③$$

両辺を53と互いに素である3で割って

$$x\equiv -4 \pmod{53}$$

$$\therefore\quad x\equiv 49 \pmod{53}$$

これが求める解で，$x=49+53m$ $(m\in\boldsymbol{Z})$ とも表わされる．

×　　　　　　　　　×

連立合同式の解き方を実例で示そう．

例3　次の連立合同式を解け．

$$\begin{cases} 5x\equiv 7 \pmod 3 \\ 13x\equiv 9 \pmod 4 \end{cases}$$

例1にならって，それぞれを解く．$5\times 2-7=3$，$13\times 1-9=4$ であるから

$$\begin{cases} x\equiv 2 \pmod 3 \\ x\equiv 1 \pmod 4 \end{cases}$$

第2式は $x=1+4z$ ともかける．これを第1式に代入して

$$1+4z\equiv 2 \pmod 3$$

$$4z=1 \pmod 3$$

$4\times 1-1=3$ であるから，この解は

$$z\equiv 1 \pmod 3$$

$$\therefore\quad z=1+3t$$

これを $x=1+4z$ に代入して

$$x=1+4(1+3t)=5+12t$$

$$x\equiv 5 \pmod{12}$$

これが求める解である．

§5 オイラーの定理

次の定理はオイラーの定理といい有名である．

[16] a と k が互いに素なるとき，$a^{\varphi(k)}-1$ は k で割り切れる．

すなわち

$$(a,k)=1 \text{ のとき } a^{\varphi(k)}\equiv 1 \pmod k \quad \textbf{（オイラーの定理）}$$

ここで，$\varphi(k)$ はオイラーの関数である．

モズラス k に関する既約剰余系を

$$c_1,\ c_2,\ \cdots\cdots,\ c_r \qquad (r=\varphi(k)) \qquad ①$$

とする．a と k は互いに素であるから，この章の §3 の定理 [13] によって

$$ac_1,\ ac_2,\ \cdots\cdots,\ ac_r \qquad ②$$

もモズラス k に関する既約剰余系である．したがって ② の中の数は ① の中の数のどれかと１つずつ合同になる．したがって，それらの合同式の両辺をそれぞれかけると

$$ac_1\cdot ac_2\cdot\cdots\cdots\cdot ac_r\equiv c_1c_2\cdots\cdots c_r \pmod k$$

$$a^r c_1c_2\cdots\cdots c_r\equiv c_1c_2\cdots\cdots c_r \pmod k \qquad ③$$

$c_1, c_2, \cdots\cdots, c_r$ は k と互いに素であるから，$c_1c_2\cdots\cdots c_r$ も k と互いに素である．よって ③ の両辺を $c_1c_2\cdots\cdots c_r$ で割っても

$$a^r\equiv 1 \pmod k$$

が成り立つ．r は $\varphi(k)$ であったから

$$a^{\varphi(k)}\equiv 1 \pmod k$$

×　　　　　　　　×

たとえば37と10とは互いに素であるから

$$37^{\varphi(10)} \equiv 1 \pmod{10}$$

となるはず．

これを確認しよう．$\varphi(10)=4$，一方

$$37 \equiv 7 \pmod{10} \qquad \therefore \quad 3$$

$$\therefore \quad 37^2 \equiv 7^2 \equiv 49 \equiv -1 \pmod{10}$$

$$\therefore \quad (37^2)^2 \equiv (-1)^2 \pmod{10}$$

$$37^4 \equiv 1 \pmod{10}$$

×　　　　　　　　×

オイラーの定理で，kが素数pであったとすると，$\varphi(p)=p-1$ であるから，整数aがpと互いに素なる場合に次の定理が誘導される．

[17]　pが素数で，aとpが互いに素のとき，$a^{p-1}-1$ はpで割り切れる．

すなわち

pが素数で$(a, p)=1$のとき　$a^{p-1} \equiv 1 \pmod{p}$（**フェルマーの定理**）

×　　　　　　　　×

フェルマーの定理には，他の予備知識にもとづく証明もある．ここでは，2項定理を用いた証明を挙げてみる．

[18]　a, bが任意の整数で，pが素数のとき

$$(a+b)^p \equiv a^p + b^p \pmod{p}$$

である．

2項定理によると

$$(a+b)^p = a^p + {}_p\mathrm{C}_1 a^{p-1}b + \cdots\cdots + {}_p\mathrm{C}_r a^{p-r}b^r + \cdots\cdots + b^p \qquad ①$$

${}_p\mathrm{C}_r$はp個のものからr個とった組合せの数であるから整数である．一方

$${}_p\mathrm{C}_r = p \cdot \frac{(p-1)\cdots\cdots(p-r+1)}{r!} \qquad (1 \leqq r \leqq p-1)$$

において，pは素数だから，pは$2, 3, \cdots\cdots, r$のいずれとも互いに素であり，$(p-1)\cdots\cdots(p-r+1)$ は$2, 3, \cdots\cdots, r$で割り切れる．したがって

$$\frac{(p-1)\cdots\cdots(p-r+1)}{r!}$$

は整数であるから${}_p\mathrm{C}_r$はpの倍数である．

$$\therefore \quad {}_p\mathrm{C}_r \equiv 0 \pmod{p}$$

よって①から

$$(a+b)^p \equiv a^p + b^p \qquad (\mathrm{mod}\ p)$$

この定理を一般化して

[18′] $a_1, a_2, \cdots\cdots, a_n$ が整数で p が素数のとき

$$(a_1+a_2+\cdots\cdots+a_n)^p \equiv a_1{}^p + a_2{}^p + \cdots\cdots + a_n{}^p \qquad (\mathrm{mod}\ p)$$

証明には [18] を用いる.

$$\begin{aligned}(a_1+a_2+\cdots\cdots+a_n)^p &\equiv (a_1+(a_2+\cdots\cdots+a_n))^p \\ &\equiv a_1{}^p + (a_2+\cdots\cdots+a_n)^p \\ &\equiv a_1{}^p + a_2{}^p + (a_3+\cdots\cdots+a_n)^p \qquad (\mathrm{mod}\ p)\end{aligned}$$

以下同様のことを反復すればよい.

×　　　　　　　　　×

上の定理で，とくに $a_1=a_2=\cdots\cdots=a_n=1$ とおくと

$$(1+1+1+\cdots\cdots+1)^p \equiv 1^p + 1^p + \cdots\cdots + 1^p \qquad (\mathrm{mod}\ p)$$

$$n^p \equiv n \qquad (\mathrm{mod}\ p)$$

n と p が互いに素であるならば，両辺を n で割った

$$n^{p-1} \equiv 1 \qquad (\mathrm{mod}\ p)$$

は成り立つ.

この式の n を a にかきかえるとフェルマーの定理 [17] になる.

例1　a と k が互いに素であるとき

$$a^x \equiv 1 \qquad (\mathrm{mod}\ k) \qquad ①$$

をみたす x の最小値 e は $f(k)$ の約数であることを証明せよ.

オイラーの定理によると，$f(k)$ は①をみたすから，e は $f(k)$ を越えることはない．そこで $f(k)=m$ とおき，m を e で割ったときの商を q，余りを r とすると

$$m = eq + r \qquad (0 \leqq r < e)$$

$$a^m = (a^e)^q e^r$$

ところが $a^m \equiv 1$, $a^e \equiv 1$ $(\mathrm{mod}\ k)$ であるから

$$e^r \equiv 1 \qquad (\mathrm{mod}\ k)$$

もし，$r>0$ とすると，r は e より小でかつ①をみたす．これは e が最小値であることに反する．よって $r=0$

$$\therefore\ \ m = eq \quad すなわち \quad \varphi(k) = eq$$

e は $\varphi(k)$ の約数である.

練 習 問 題 4

問題

1. 整数の奇数位の数字の和と偶数位の数字の和との差が 11 で割り切れるならば，その整数は 11 で割り切れる．これを 5 桁の整数について証明せよ．
2. モズラス 24 に関する既約剰余系を 24 より小さい正の整数によって表わせ．
3. p が素数のとき
$$a^2\equiv b^2 \pmod{p}$$
ならば，$a\equiv b \pmod{p}$ または $a\equiv -b \pmod{p}$ であることを証明せよ．
4. 次の合同式を解け．
(1) $3x\equiv 19 \pmod{5}$
(2) $14x\equiv 32 \pmod{27}$
5. 8 で割ると 6 残り，12 で割ると 2 残る整数をすべて求めよ．
6. 係数が整数の 2 次の整式を $f(x)$ とする．$x=\alpha$ が
$$f(x)\equiv 0 \pmod{k}$$
の 1 つの解ならば，モズラス k に関し，α と合同な β もまた解の 1 つであることを証明せよ．
7. 次の合同式を解け．
(1) $x^2+x\equiv 1 \pmod{5}$
(2) $x^2+x\equiv 1 \pmod{7}$

ヒントと略解

1. $N=10^4a+10^3b+10^2c+10d+e$ とおく．
$10\equiv -1 \pmod{11}$ から $10^2\equiv 10^4\equiv 1 \pmod{11}$
$10^3\equiv -1 \pmod{11}$ したがって
$N\equiv 1\cdot a+(-1)b+1\cdot c+(-1)d+e \pmod{11}$
$N\equiv (a+c+e)-(b+d) \pmod{11}$
2. 24 より小さい正の整数のうちから，24 と互いに素なるものを選択する．
1,5,7,11,13,17,19,23
3. $(a-b)(a+b)\equiv 0 \pmod{p}$
$(a-b)(a+b)$ は p で割り切れる．p は素数だから $a-b$ または $a+b$ は p で割り切れる．
4. (1) $3x\equiv -1 \pmod{5}$ と同値．x に 0,1,2,3,4 を代入してみる．　$x\equiv 3 \pmod{5}$
(2) $14x\equiv 5 \pmod{27}$ と同値．
$27=14\times 2-1$ から $14\times 2x\equiv x \pmod{27}$ これと $14\times 2x\equiv 10 \pmod{27}$ から $x\equiv 10 \pmod{27}$
5. $x\equiv 6 \pmod{8}$，$x\equiv 2 \pmod{12}$ を連立させて解く．第 2 の式から $x=12z+2$，これを第 1 式に代入して　$4z\equiv 4 \pmod{8}$　$z\equiv 1 \pmod{2}$
$\therefore\ z=2t+1$　$\therefore\ x=24t+14$
6. $f(x)=ax^2+bx+c$ とおく．
$\alpha\equiv\beta \pmod{k}$ であるから，
$a\alpha^2+b\alpha+c\equiv a\beta^2+b\beta+c \pmod{k}$
$f(\alpha)\equiv f(\beta) \pmod{k}$，これと $f(\alpha)\equiv 0 \pmod{k}$ とから $f(\beta)\equiv 0 \pmod{k}$
7. (1) x に 0,1,2,3,4 を代入してみよ．
$x\equiv 2 \pmod{5}$
(2) x に $0,1,2,\cdots,6$ を代入してみよ．
適するものがない．解がない．

関数の代数的処理

●目次● 第1章実関数一般の糸口 第2章有理関数と無理関数 第3章2変数関数

ここでいうところの代数的処理は、解析学という場合の解析的処理に対比させたもので、極限の概念を用いない処理の意味である。極限がなければ、微分法は当然現われない。極限を用いないとはいっても、本格的に用いないだけで、多少は姿をみせよう。

取扱う素材は、高校の数学、およびその延長線に制限したので、次数は2次、変数の個数は主として2つ、まれに3つということになった。

関数の正念場は微分法の応用であるが、それ以前の基礎知識、予備知識として、代数的処理を無視するわけにはいかない。高いビルには見えざる基礎工事がつきものである。

またすべての方法には限界があり、その限界の克服から新しい数学の分野が創造された。代数的処理から微分法への発展もその一例である。代数的処理の限界を知ることも、教育的配慮として無駄ではなかろう。

第1章　実関数一般の糸口

はじめに　関数の変化は微分法でみればよいことで，代数的取扱いは不要だという説があるが，無条件に賛成するわけにはいかない．

1次関数と2次関数は，関数としては初歩的であるが，他の関数の基礎，または構成要素になる性格のもので，式を一見しただけで，変化の概要をつかめるのが望ましい．また

$$f(x)=\frac{x}{1+x} \qquad (x>0)$$

のような簡単な関数の増減のようすが微分法をもち出すのでないと分らないというのでは心細いし，不便でもあろう．この関数を

$$f(x)=1-\frac{1}{1+x}$$

と書きかえ，$1+x$ は増加で正，そこで $\frac{1}{1+x}$ は減少，そこで $-\frac{1}{1+x}$ は増加，結局 $f(x)$ は増加だとつかめるようでありたい．

幾何を学ぶ前提として，幾何学的直観を無視できないように，関数を学ぶ前提として，あるいは，その過程で，簡単な関数の変化の概要を式をみて，なかば直観的につかむことを無視することができない．

要するに，複雑な関数を組み立てている要素とみられる関数，いわゆる素関数なるものは，その変化を，式の直観によってつかむ基礎を与えるのが，代数的処理の重要目標である．

×　　　　×

関数の変化とは，増減のことであるから,増加,減少の意味を明確につかむことが前提になるのには異論がなかろう．しかし，現実は余りにお粗末であり，悲観的ですらある．

学生に,「関数が増加するとはどういうことか」と尋ねたところ，意外や，「導関数が正のこと」と，もっともらしい顔をして答えた者がいた．

この本末転倒の返答をせめる資格は，われわれ教師になさそうである．小学校以来，増加だ,減少だと反復しながら，それを明確に定式化することを見落して来たのが，いつわりのない現実だからである．

関数 $f(x)=x^2$ が，区間 $[0,\infty)$ において増加であることを高校生に証明させてみるがよい．何パーセントの学生が正しく答えられるだろうか．

同様の状況は，関数の極大・極小にも，最大・最小にもみられるだろう．

代数的処理の過程で，与えるべきものを十分に与えずに微分法へ進むために，微分法の適用は形式化され，

$$f'(x)>0 \rightleftarrows \text{増加}$$
$$f'(x)<0 \rightleftarrows \text{減少}$$
$$f'(x)=0 \begin{cases}\text{極大・極小}\\ \text{変曲点}\end{cases}$$

といった反応の機械化に終ることが想像される．

高校生の苦手なものの1つに，「関数が点 $x=a$ で増加の状態にある，減少の状態にある」という微妙な概念がある．

このような増減のミクロ的認識も，その基礎は，区間における増減の明確な定義にある．ところが，その基礎が抜けているのだから，学生の理解不十分をせめるわけにはいかない．

× ×

以上の現況からみて，関数の増加，減少などに明確な定式化を与えることは，高校数学の不備を補う上からみて，不可欠のように思われる．この章の主要な目標はそこにある．

素関数の変化を知ったら，それを組合せた関数の変化へと進むのが順序であろう．

この組合せを，ここでは結合と合成とに，便宜上分けてみた．

2つの関数 $f(x), g(x)$ から，それらの和，積などを作るのは結合と呼び，関数の合成と区別することにした．このような結合も，2変数の関数を考えれば，合成とみられないこともないが，そこまで一般化するのは抵抗があるように思ったからである．

× ×

関数 $f(x)$ のグラフの凹凸は，微分法によれば $f''(x)$ の符号でみられるが，この理解は代数的，あるいは幾何学的定義との関係を明らかにすることによって深まる．

ここでは，平均変化率を明らかにし，それを用いて定義する道を選んだ．この方が微分法と結びつけるのに都合よいと思ったからである．

凸関数が連続かどうかは厳密には論理的検討が必要であるが，極限の概念が必要なので，深入りしなかった．

これについては拙著「現代数学と大学入試 II」（現代数学社）の〝凸関数と不等式〟（p. 39）にくわしい解説があるので，それをごらん頂きたい．

§1 実変数関数とその記号化

これから取扱う関数は，主として変数が実数を表わす関数である．そこで，はじめに，この関数をはっきり定義しておこう．

実数全体の集合は，今後ことわりがなくとも $\boldsymbol{R}$ で表わすことにする．

$\boldsymbol{R}$ の部分集合を A とするとき，A の任意の数に，$\boldsymbol{R}$ の数を1つずつ対応させるのが，実変数関数で，略して実関数という．

このことを

A から $\boldsymbol{R}$ への関数 f

といい，

$$f: A \to \boldsymbol{R} \quad \text{または} \quad A \xrightarrow{f} \boldsymbol{R} \qquad ①$$

などと記号的に表現する．

この関数 f によって，A の数 x に1つの実数 y が対応することは

$$f: x \to y,\ x \xrightarrow{f} y \quad \text{または} \quad y=f(x) \qquad ②$$

とかき，y を x の像，あるいは，x に対応する値というのである．

上の関数の定義の理解でたいせつなのは，関数 f は対応そのものだということである．

関数を擬人化，あるいは機械化するならば，対応をひき起す能力，機能といったものが想像されよう．その能力，機能に当たるのが関数 f である．

そこで，この機能を視覚的にとらえる図示化がほしくなる．次の図がその代表的なもので，ブラックボックス（暗箱）と呼ばれている．

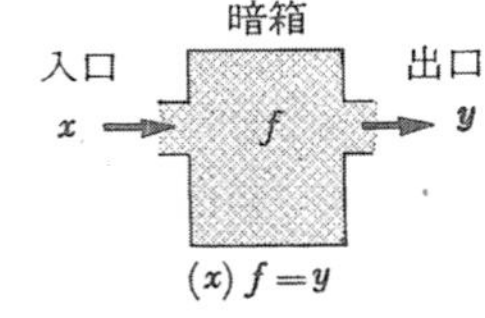

$(x)f=y$

一方の入口から数 x を入れると，機能 f の作用によって数 y が選ばれ，それが他方の出口から出るとみる．まことに巧みな図式化である．

しかし，この図の順に従うと

x に f が作用して y が出る．

だから，$(x)f=y$ と表わしたくなる．これでは慣用の $y=f(x)$ に合わない．そこで，図をかえるか，式をかえるかのジレンマを味うことになる．

$y=f(x)$ を $(x)f=y$ にかえることは，数学的にはなんら問題がなく，そうした書き方を採用した本もたまに見かける．しかし，慣用とはおそろしいもので，多くの人が抱く異和感を無視するのは容易でない．そこで第2の対策として，ブラックボックスの入口と出口の位置をかえることが提案されている．これならば，$y=f(x)$ にピッタリと合う．

前に示した

$$x \xrightarrow{f} y$$

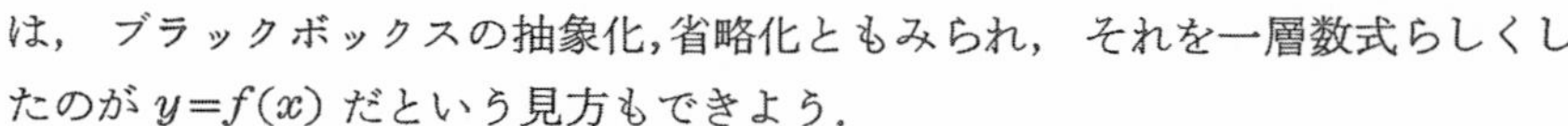

は，ブラックボックスの抽象化,省略化ともみられ，それを一層数式らしくしたのが $y=f(x)$ だという見方もできよう．

入口や出口をいちいちかくのはやっかいなので，ブラックボックスを長方形で示した，右のような図も広く用いられている．

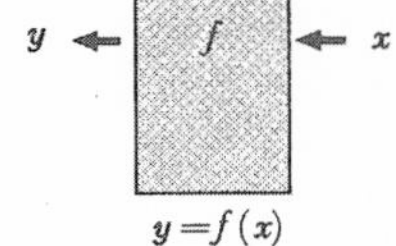

$y=f(x)$

× ×

$f(x)$ を用いれば，関数 f は

$$x \to f(x)$$

とも表わされる．ここで，x を変数とみれば，すべての対応を代表する．それで，$f(x)$ は x の像を表わすと同時に，関数そのものを表わすとみることもできる．

集合 A の数に2を加えるという操作は関数で，図式化すれば

$$(\quad) \xrightarrow{f} (\quad)+2$$

となる．この式の（　）は，任意の数を入れる部分だから，はたらきとしては変数そのもの．それで，これを x で表わし

$$x \xrightarrow{f} x+2$$

とかくのだとみれば，$f(x)=x+2$ によって，この関数を表わすことの自然なことが納得されよう．

$y=f(x)$ のとき,「y は x の関数である」と読むが，この読み方は，y 自身が関数のような錯覚を与えるようである．微分法で，関数を y で表わし，その導関数を y' で表わすが，この場合の y は $f(x)$ の代用に当たるとみるべきである．

表現がどうであれ，関数の本質は，対応 f であることを忘れないこと．

§2　区間について

高校で，変数の範囲というときの「範囲」は，実数変数でみると，実数の部分集合の意味であろう．ときには区間の意味にも用いるが，はっきりとは区別されていないようである．

「区間とはなんですか」

「$2<x<3$，$5\leqq x\leqq 8$ のような範囲のことですよ」

「はっきりしませんね．ナニナニのようなでは」

「不等式で表わされる範囲のことです」

「じゃ，$2<x<3$ と $5\leqq x\leqq 8$ を合わせた範囲も区間ですか」

「さて……」

高校には区間あれども，はっきりした定義のないのが普通だから，迷うのも無理はない．

区間は，すべてのものを挙げる定義，すなわち**枚挙法**によるならば，次の不等式のいずれかで表わされる実数の部分集合ということになる．

$$a\leqq x\leqq b,\qquad a\leqq x<b,\qquad a<x\leqq b,\qquad a<x<b$$
$$a\leqq x,\qquad a<x,\qquad x\leqq a,\qquad x<a$$

このほかに，実数全体を含めるかどうかは，教育的配慮の問題であろうか．一般には，これも含めておくと都合がよい．したがって，区間は全部で9つである．

これらの区間をそれぞれ

$$[a,b]\qquad [a,b)\qquad (a,b]\qquad (a,b)$$
$$[a,\infty)\qquad (a,\infty)\qquad (-\infty,a]\qquad (-\infty,a)$$
$$(-\infty,\infty)$$

で表わす．

本によっては（　，　）の代りにそれぞれ],[を用い，$(a,b]$ を $]a,b]$，(a,b) を $]a,b[$ と表わすのは，座標 (a,b) などとの混同を避けるためであろう． 本書では，上の方式を用いることにする．

×　　　　　　　　×

さて，枚挙法によらないとしたら区間の定義はどうなるか．枚挙法の別名は外延的定義である．残りの定義といえば，それは内包的定義で，区間のみたす条件を挙げることになる．その方法はいろいろあるが，わかりやすいのは，次の定義であろう．

$\boldsymbol{R}$ の部分集合 A が，次の条件をみたすとき区間という．

「A に属する任意の2数を a,b $(a<b)$ としたとき $a<x<b$ をみたす実数 x もまた A に属するもの」

a,b は A に属するのだから，$a<x<b$ の代りに $a\leqq x\leqq b$ を用いても同じことである．

これは要するに，1つの区間 (a,b) または $[a,b]$ を定義し，それを用いて，すべての区間を定義するものである．

× ×

区間を表わすのに未知の記号 $\infty, -\infty$ は気持悪い人がいるかもしれない．しかし，ここでは，単なる記号とみれば十分なのだから，正の無限大や負の無限大を説明する必要は少しもない．

$a\leqq x$ とかく代りに $a\leqq x<\infty$ とかき，これをさらに $[a,\infty)$ とかくのは，約束だと割り切ればよい．

なお，9つの区間のうち，とくに $[a,b]$ を**閉区間**といい，(a,b) を**開区間**という．そのほかのものをどう呼ぶかはさほど重要でない．

§3 関数の増加・減少

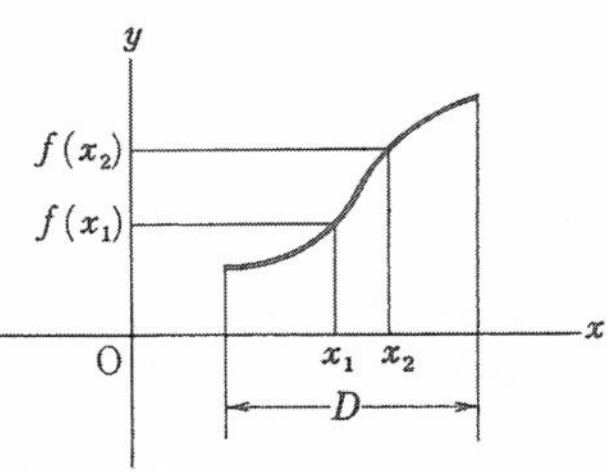

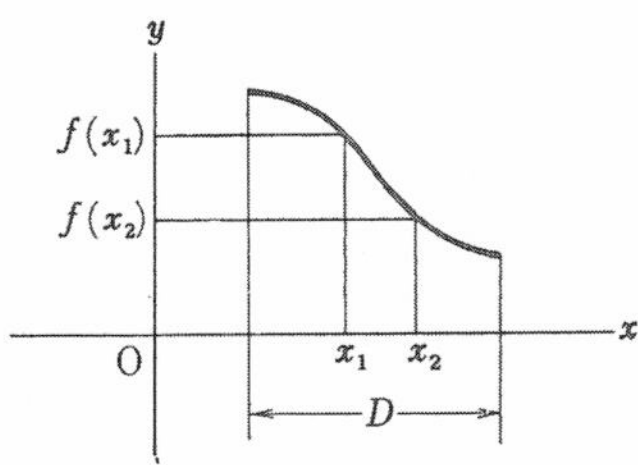

実数の部分集合 A を定義域とする関数を f としよう．

A に含まれる区間を D とするとき，D に属する2つの数 x_1,x_2 に対して，つねに

$$x_1<x_2 \rightarrow f(x_1)<f(x_2) \qquad ①$$

が成り立つとき，f は D において単調増加であるという．

また，つねに

$$x_1<x_2 \rightarrow f(x_1)>f(x_2) \qquad ②$$

が成り立つときは，f は D において単調減少であるという．

この定義では，① または ② が「D 内の任

意の x_1, x_2 について成り立つ」の条件である．

なお，単調を略し，単に増加,減少と呼ぶことも慣用になっている．

× ×

等号の場合を許すときは

$$x_1 < x_2 \rightarrow f(x_1) \leqq f(x_2)$$

のときを D において広義の単調増加

$$x_1 < x_2 \rightarrow f(x_1) \geqq f(x_2)$$

のときを D において広義の単調減少という．

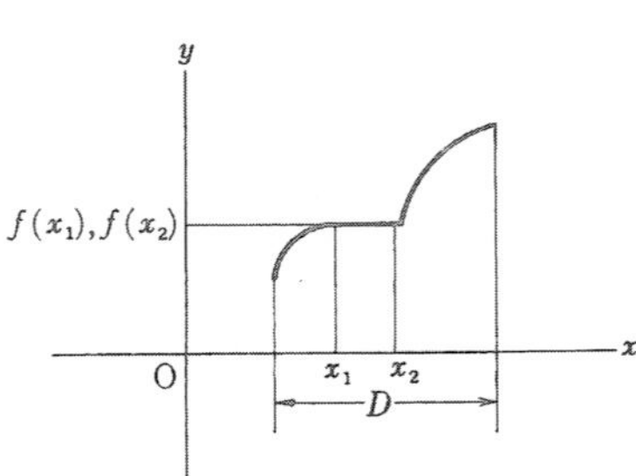

前の場合を，これと特に区別したいときは，「狭義の」をつければよい．

以後，増加,減少を狭義の意味に用いる．

× ×

増加関数というのは，定義域全体において増加になる関数のことで，減少関数というのは，定義域全体において減少になる関数のことである．

この2つを合わせて単調関数というのである．

$$\text{単調関数}\begin{cases}\text{(単調)増加関数}\\ \text{(単調)減少関数}\end{cases}$$

基本的関数でみると，1次関数 $f(x)=ax+b$，指数関数 $f(x)=a^x$ はともに単調関数である．

n が自然数のとき $f(x)=x^n$ は，n が奇数のときに限って単調で，増加関数である．

× ×

ここで，馬鹿らしいほど平凡な例として

$$f(x)=x^2$$

は，$[0,\infty)$ において増加であることを証明してみよ．

この区間内の2数を x_1, x_2 とすると

$$f(x_1)-f(x_2)=x_1{}^2-x_2{}^2=(x_1+x_2)(x_1-x_2)$$

$x_1 < x_2$ と仮定すると，$0 \leqq x_1 < x_2$ であるから

$$x_1+x_2>0, \quad x_1-x_2<0$$

$$\therefore \quad (x_1+x_2)(x_1-x_2)<0$$

$$\therefore \quad f(x_1)<f(x_2)$$

定義にもとづいて証明したのだから，区間 $[0,\infty)$ で f が増加であることは疑問の余地がないはずだが，実際はそうでもない．増加区間に0を含めることに異和感を抱く人がおる．その理由は次の2つらしい．

その1つは，$x=0$ で $f(x)$ は増加状態にないこと．

他の1つは，増減表で，$x=0$ で最小とすること．

増 減 表

x	$\cdots$	0	$\cdots$
$f(x)$	↘	最小 0	↗

第1の理由は，関数が「1点において増加の状態にある」ことと「区間において増加である」こととの混乱らしい．増加する区間は，増加の状態にある点の集合だといった固定観念をもち，それが災のもとになっているように思われる．

第2の理由は，増減表に対する誤解である．上の増減表は

$x<0$ では減少　　$x>0$ では増加

となることを表わしている．しかし，

減少区間は $x<0$ に限り，増加区間は $x>0$ に限る

とはいっていない．増減表は，増加区間や減少区間を読みとるには役に立つが，これらの区間を明示しているわけではない．

$f(x)=x^2$ は，増加区間を最大にとれば $[0,\infty)$，減少区間を最大にとれば $(-\infty,0]$ で，$x=0$ は両区間に属し，しかも最小を与える点でもある．

× ×

さて，それでは，1点で増加にあるとはどういう意味か．点が1つでは，関数の値も1つだから，大小の比較ができず，このままでは増加,減少の見分けようがない．

この概念の源は，運動する点の進行方向であり，微分係数のような極限の概念抜きで，代数的に定義することには無理がある．

1点における増加の状態,減少の状態といった概念は，微視的なものであるから，この究明や定義には，近傍の概念が必要である．

1点 $x=x_1$ の**近傍**とは，x_1 を含む小さな開区間のことである．

x_1の近傍：$a<x_1<b$ をみたす区間 (a,b)

開区間をとるのにはわけがある．閉区間 $[a,b]$ をとると，x_1 はこの区間の端に一致する場合が起き，推論上の障害になるからである．

x_1 の近傍は，これを含む開区間ならばどんなものでもよいのだが，推論の単

純化を考慮し，x_1 を中点とする開区間を選ぶことが多い．x_1 から両側に ε の距離に2点 $x_1-\varepsilon$，$x_1+\varepsilon$ $(\varepsilon>0)$ をとり，近傍として

$$(x_1-\varepsilon,\quad x_1+\varepsilon)$$

をとる．これを点 x_1 の ε **近傍**という．

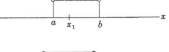

この近傍は，集合の表わし方によれば

$$\{x \mid x_1-\varepsilon<x<x_1+\varepsilon\}$$

または

$$\{x \mid |x-x_1|<\varepsilon\}$$

である．

× ×

関数 $f(x)$ が x_1 で増加の状態にあることは，x_1 における微分係数 $f'(x_1)$ が正になることであった．

微分法の定義によると

$$\lim_{x\to x_1}\frac{f(x)-f(x_1)}{x-x_1}=f'(x_1)$$

であるから，もし $f'(x_1)>0$ ならば，$|x-x_1|$ を十分小さくとると，

$$\frac{f(x)-f(x_1)}{x-x_1}>0$$

となる．したがって

$$\left.\begin{array}{lll} x>x_1 & \to & f(x)>f(x_1) \\ x<x_1 & \to & f(x)<f(x_1) \end{array}\right\} \quad ①$$

近傍を用いていいかえれば，x_1 に適当な ε 近傍をとると，その中の x に対して，①が成り立つ．

しかし，上の条件から，x_1 の近傍で $f(x)$ が増加であるとの結論は下せない．なぜかというに，x_1 の手前から x の2つの値 x', x'' $(x'<x'')$ を選んだとき，①から

$$f(x')<f(x'')$$

を導くことはできないからである．

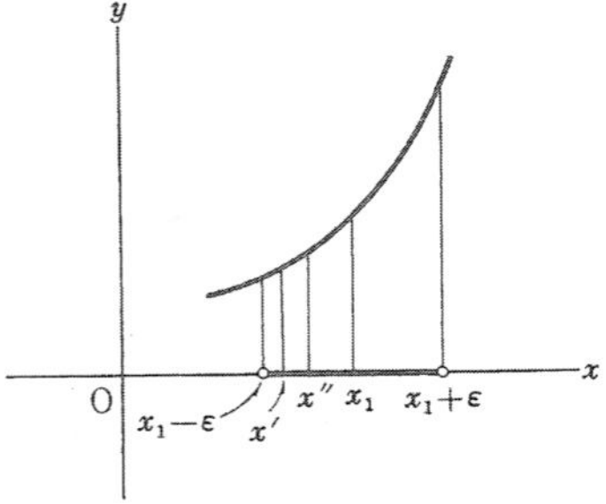

では，一方 x_1 に適当な ε 近傍をとると，その近傍で増加であるとき，$f'(x_1)>0$ となるかというと，これも保証できない．そ

れを示すには反例を1つ挙げれば十分である.

たとえば $f(x)=x^3$ で，$x=0$ に着目せよ．この点の近傍において $f(x)$ は増加であるが，微分係数 $f'(0)$ は0であって，正にはならない.

このように，代数的方法には限界があり，微視的考察には十分でないことがわかる.

§4 増加,減少と関数の結合,合成

2つの関数の増減と，それらの関数を結合,合成して作った関数の増減との関係を調べるのが，ここの目標である.

[1] $f(x)$ が区間 D で増加ならば，$-f(x)$ は D で減少である.

増加の定義からみて，自明に近い．すなわち

$$x_1<x_2 \quad \rightarrow \quad f(x_1)<f(x_2) \quad \rightarrow \quad -f(x_1)>-f(x_2)$$

となるからである.

[2] 2つの関数 $f(x),g(x)$ が区間 D で増加ならば，$f(x)+g(x)$ も D において増加である.

この証明も簡単である.

$$x_1<x_2 \quad \rightarrow \quad f(x_1)<f(x_2),\ g(x_1)<g(x_2)$$
$$\rightarrow \quad f(x_1)+g(x_1)<f(x_2)+g(x_2) \qquad ①$$

[3] $f(x)$ が区間 D で増加で，かつ $f(x)>0$ ならば，$\dfrac{1}{f(x)}$ は D で減少である．なぜかというに

$$x_1<x_2 \quad \rightarrow \quad f(x_1)<f(x_2)$$

これと $f(x_1),f(x_2)>0$ とから

$$\frac{1}{f(x_1)}>\frac{1}{f(x_2)}$$

が導かれるからである.

[4] 2つの関数 $f(x),g(x)$ が区間 D で増加で，かつ $f(x),g(x)>0$ ならば，$f(x)g(x)$ も D で増加である.

$$x_1<x_2 \quad \rightarrow \quad f(x_1)<f(x_2),\ g(x_1)<g(x_2)$$

これと $f(x_1),f(x_2),g(x_1),g(x_2)>0$ とから

$$f(x_1)g(x_1)<f(x_2)g(x_2)$$

が導かれるからである.

特別な場合として，[2],[4] は $g(x)$ が定値関数のときも成り立つから，$g(x)=k$ とおくことによって

[2′] $f(x)$ が区間 D で増加ならば，$f(x)+k$ は D で増加.

[4′] $f(x)$ が区間 D で増加で，$k>0$ ならば $kf(x)$ は D で増加.

以上の法則は平凡であるのに，具体例への応用となると，頭のはたらかない学生がおる．関数

$$f(x)=x-\frac{1}{x}$$

は，区間 $x>0$ でも，区間 $x<0$ でも，減少であることを，式から読みとれないのが，その一例である.

$x>0$ では

$$x \text{ は増加で正} \rightarrow \frac{1}{x} \text{ は減少} \rightarrow -\frac{1}{x} \text{ は増加} \rightarrow x+\left(-\frac{1}{x}\right) \text{ は増加}$$

$x<0$ では

$$x \text{ は増加} \rightarrow -x \text{ は減少で正} \rightarrow \frac{1}{-x} \text{ は増加} \rightarrow x+\frac{1}{-x} \text{ は増加}$$

この例は奇関数であるから，$x>0$ で増加であることから，$x<0$ でも増加であることは導かれるが，これについては，あとで，まとめて解説しよう.

第2の例 $f(x)=\sqrt{x^2+1}-x$ $(x>0)$ は，このままでは増減が明らかでないが

$$f(x)=\frac{1}{\sqrt{x^2+1}+x} \qquad (x>0)$$

と書きかえれば，簡単に見分けられる.

$$\sqrt{x^2+1}, x \text{ は増加} \rightarrow \sqrt{x^2+1}+x \text{ は増加で正} \rightarrow \frac{1}{\sqrt{x^2+1}+x} \text{ は減少}$$

× ×

次は関数の合成と増減の関係である.

[5] f は区間 D で増加で，g は区間 $f(D)$ で増加ならば，合成関数 gf は区間 D で増加である.

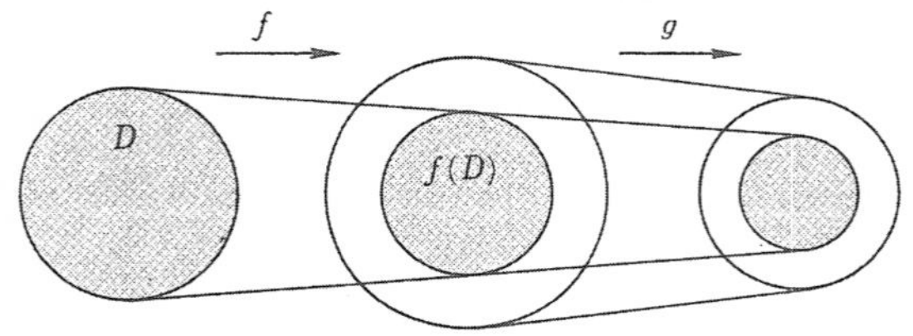

見かけによらず証明はやさしい．Dに属する2数をx_1, x_2とすると

$$x_1<x_2 \quad \rightarrow \quad f(x_1)<f(x_2) \quad \rightarrow \quad g(f(x_1))<g(f(x_2))$$
$$\rightarrow \quad gf(x_1)<gf(x_2)$$

この証明から，f, gに減少のある場合が予想されよう．

fが増加，gが減少 $\rightarrow$ gfは減少

fが減少，gが増加 $\rightarrow$ gfは減少

fが減少，gが減少 $\rightarrow$ gfは増加

増加，減少にそれぞれ正の数，負の数を対応させてみると，上の結果は，正・負の数の乗法と同じことが理解されよう．

たとえば，$f(x)=x^2-2$ は $[0,\infty)$ で増加で，この値域 $[-2,\infty)$ において $g(x)=x^3$ は増加だから，$[0,\infty)$ において

$$gf(x)=(x^2-2)^3$$

は増加である．

×　　　　×

重要なのに単調性と逆関数の関係がある．

[6] AからBへの関数fの逆対応f^{-1}が関数のとき，すなわちfが全射でかつ単射のとき

fが増加ならば，f^{-1}も増加

fが減少ならば，f^{-1}も減少

Aの2つの数をx_1, x_2とすると，fが増加のときは

$$x_1<x_2 \quad \rightarrow \quad f(x_1)<f(x_2) \qquad ①$$

この逆が成り立つことを示せばよい．

$f(x_1)<f(x_2)$ のとき $x_1 \geqq x_2$ であったとすると

$$x_1>x_2 \quad \rightarrow \quad f(x_2)>f(x_2)$$
$$x_1=x_2 \quad \rightarrow \quad f(x_2)=f(x_2)$$

となって，①に矛盾する．したがって

$$f(x_1)<f(x_2) \quad \rightarrow \quad x_1<x_2$$

$f(x_1)=y_1, f(x_2)=y_2$ とおくと $x_1=f^{-1}(y_1)$，$x_2=f^{-1}(y_2)$ だから

$$y_1<y_2 \quad \rightarrow \quad f^{-1}(y_1)<f^{-1}(y_2)$$

この式は，f^{-1}が増加であることを表わしている．

fが減少のときの証明も同様である．

関数の取扱い上，実際に有用なのは，逆関数の存在条件であるから，次の定理のほうが重要である．

[7]　定義域 D で f が単調ならば，逆対応 f^{-1} は $f(D)$ を定義域にとると逆関数で，かつ単調で，f と f^{-1} は同時に増加，または同時に減少になる．

重要だから証明してみる．

f^{-1} が逆関数であることをいうには，f が単射であることを示せばよい．それには $f(D)$ の数 y の原像が1つの数からなることをいえばよい．もし，原像が2数以上から成るとし，その中の2つを x_1, x_2 $(x_1<x_2)$ とすると

$$f(x_1)=y, \quad f(x_2)=y \qquad \therefore \quad f(x_1)=f(x_2) \qquad ①$$

しかるに $x_1<x_2$ だから

f が増加のとき　　$f(x_1)<f(x_2)$

f が減少のとき　　$f(x_1)>f(x_2)$

いずれも①に矛盾する．

よって $f(D)$ の任意の数 y の原像は1つの数から成り，f は単調である．

後半の証明は[6]と同じ．

たとえば $f(x)=x^2$ は，定義域を $[0,\infty)$ とすると増加で，値域は $[0,\infty)$ である．よって，逆対応 f^{-1} で定義域として $[0,\infty)$ をとれば，f^{-1} は逆関数になる．

この逆関数が

$$f^{-1}(x)=\sqrt{x}$$

にほかならない．

また $a>0$, $a\neq 1$ のとき，$f(x)=a^x$ は $(0,\infty)$ において増加で，値域は $(0,\infty)$ である．したがって，$(0,\infty)$ において逆対応 f^{-1} を考えると，f^{-1} は逆関数になる．

この逆関数を

$$f^{-1}(x)=\log_a x$$

と表わし，対数関数と呼ぶのである．

このように，単調関数があれば，逆対応の定義域を適当に選ぶことによって，逆関数が導かれる．

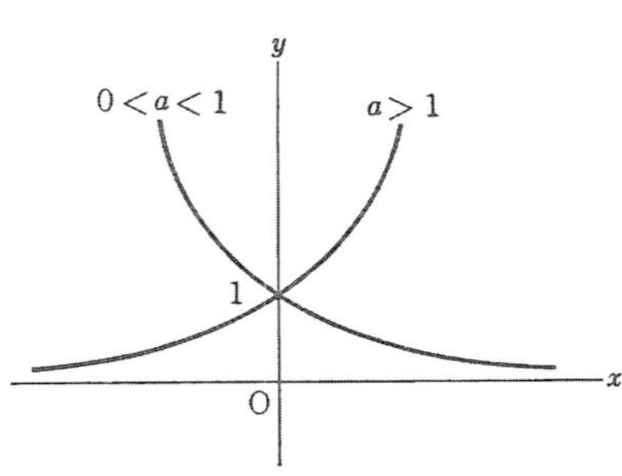

§5 奇関数，偶関数の増減

奇関数，偶関数の特徴は，グラフでみると対称性である．

関数 $f(x)$ が

$$f(-x)=f(x)$$

をみたすとき偶関数といい，

$$f(-x)=-f(x)$$

をみたすときは奇関数という．

したがって，偶関数のグラフは y 軸について対称で，奇関数のグラフは原点について対称である．

対称なものの性質は，その半分について調べれば，残りのことはおのずからわかるわけで，思考の省力化が期待される．

× ×

予備知識として，区間の対称移動を考える．

ある区間 D を原点Oに関し対称に移したものを $-D$ で表わすことにしよう．すなわち D のすべての数の符号をかえた数の集合が $-D$ である．

$$-D=\{-x \mid x\in D\}$$

たとえば $D=[a,b]$ ならば $-D=[-b,-a]$ である．

$-D$ を D の反区間と呼ぶことにしよう．

× ×

[8] 偶関数 f が D で増加（減少）ならば，$-D$ では減少（増加）である．

グラフから自明に近いが，式によって証明してみる．

$-D$ に属する任意の2数を x_1,x_2 $(x_1<x_2)$ とすると，$-x_1,-x_2$ は D に属する．f は D において増加とすると

$$x_1<x_2 \quad\rightarrow\quad -x_1>-x_2 \quad\rightarrow\quad f(-x_1)>f(-x_2)$$

しかるに f は偶関数だから $f(-x_1)=f(x_1)$，$f(-x_2)=f(x_2)$

$$\therefore\quad x_1<x_2 \quad\rightarrow\quad f(x_1)>f(x_2)$$

すなわち f は $-D$ において減少である．

たとえば，$f(x)=\cos x$ は偶関数で $[0,\pi]$ で減少だから $[-\pi,0]$ では増加である．また $[\pi,2\pi]$ では増加だから $[-2\pi,-\pi]$ では減少である．

× ×

[9]　奇関数 f が区間 D で増加（減少）ならば，$-D$ でも増加（減少）である．

証明は [8] の場合と大差ないが念のため．

$-D$ に属する2数を x_1, x_2 $(x_1<x_2)$ とすると，$-x_1, -x_2$ は D に属する．f は D で増加とすると

$$x_1<x_2 \quad \rightarrow \quad -x_1>-x_2 \quad \rightarrow \quad f(-x_1)>f(-x_2)$$

しかるに，f は奇関数だから $f(-x_1)=-f(x_1)$，$f(-x_2)=-f(x_2)$

$$\therefore \quad x_1<x_2 \quad \rightarrow \quad -f(x_1)>-f(x_2) \quad \rightarrow \quad f(x_1)<f(x_2)$$

たとえば，$f(x)=\sin x$ は奇関数で，$\left[0, \frac{\pi}{2}\right]$ で増加だから，$\left[-\frac{\pi}{2}, 0\right]$ でも増加である．また $\left[\frac{\pi}{2}, \frac{3\pi}{2}\right]$ では減少だから，$\left[-\frac{3\pi}{2}, -\frac{\pi}{2}\right]$ でも減少である．

また

$$f(x)=x-\frac{1}{x}$$

は奇関数で，$(0, \infty)$ で増加だから，$(-\infty, 0)$ でも増加である．

§6　最大値・最小値

最大値，最小値というのは，もともと，集合に対応する概念である．

$\boldsymbol{R}$ の部分集合 A に属する数のうち最大のもの a を，A の最大値といい

$$\max A=a$$

で表わす．

これは，不等号を用いて表わすと，次の2条件になる．

$$\begin{cases} a \in A & ① \\ x \in A \rightarrow x \leqq a & ② \end{cases}$$

①は忘れがちである．②は「すべての x」が略されている．A に属するどんな x をとっても $x \leqq a$ となるという意味．

最小値も同様であって，集合 A に属する数のうち最小のもの a を，A の最小値といい

$$\min A=a$$

で表わす．

したがって，これも不等式で表わせば，次の2条件になる．

$$\begin{cases} a\in A \\ x\in A \rightarrow x\geqq a \end{cases}$$

× ×

最大値,最小値は変数を用いて表わすこともある.

集合 A の任意の元を y で表わしたとき, y を A を変域とする変数というのである.

この変数 y を用いて, A の最大値 a を y の最大値 a ともいい

$$\max y=a$$

とかく. 最小値についても同様で

$$\min y=a$$

を用いる.

このように2通りあるために推論上混乱を起こすことがある.

2数 a,b の最大値,最小値を

$$\max\{a,b\},\quad \min\{a,b\}$$

で表わすのは, はじめにあげた表わし方である.

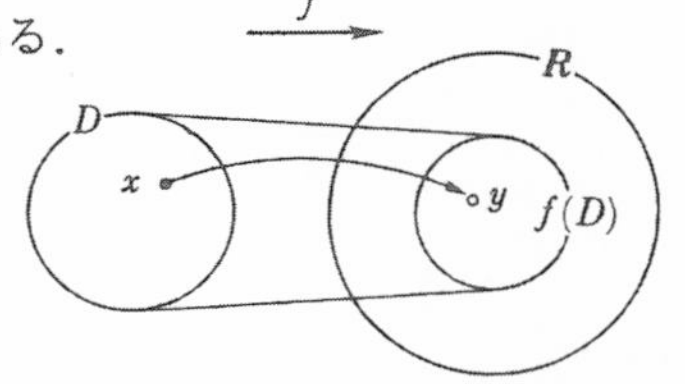

定義域 D の関数 $y=f(x)$ の最大値,最小値を

$$\max y,\quad \min y$$

とかくのは, 後者の表わし方に属する.

これはつまり, y の値の集合, すなわち値域 $f(D)$ の最大値,最小値のことであるから, はじめの表わし方によると

$$\max f(D),\quad \min f(D)$$

となる.

× ×

学生が, 最大値,最小値の求め方で失敗しがちなのは, 不等式を用いる場合である.

簡単な例 $f(x)=x+\dfrac{1}{x}$ $(x>0)$ でみると, 相加平均と相乗平均の大小関係から

$$\frac{1}{2}\left(x+\frac{1}{x}\right)\geqq\sqrt{x\cdot\frac{1}{x}},\quad f(x)\geqq 2$$

ここで, 直ちに $\max f(x)=2$ とするのは誤り. 等号の成立を確認するので

ないと，2が値域に属するかどうか明らかでなく，最小値の定義における第1条件の成立が保証されない．

等号は $x=\dfrac{1}{x}$ すなわち $x=1$ のとき成立する．x は定義域 $x>0$ に属するから $f(1)$ は値域に属する．

一般に，D を定義域とする関数 $f(x)$ で，y_1 が値域 $f(D)$ に属することは，y_1 の原像に属する1つの数を x_1 とすると，x_1 が定義域 D に属することと同値である．

すなわち $y_1=f(x_1)$ のとき

$$x_1\in D \rightleftarrows y_1\in f(D)$$

たとえば，a,b,x,y が正の数のとき

$$z=\left(x+\frac{a}{y}\right)\left(y+\frac{b}{x}\right)$$

の最小値を求めるときに

$$x+\frac{a}{y}\geqq 2\sqrt{\frac{ax}{y}},\quad y+\frac{b}{x}\geqq 2\sqrt{\frac{by}{x}} \qquad ①$$

の両辺をそれぞれかけて

$$z\geqq 4\sqrt{ab} \qquad ②$$

よって $\min z=4\sqrt{ab}$ といった誤りをたまに見かける．

② の等号成立の確認が忘れられている．② の等号が成り立つのは ① の2つの等号が同時に成り立つとき．ところが ① の等号が成り立つのは，はじめの方は $x=\dfrac{a}{y}$ すなわち $xy=a$ のときで，あとの方は $y=\dfrac{b}{x}$ すなわち $xy=b$ のときである．$a=b$ とは限らないから，この2つの等式は両立すると限らない．

この例は

$$z=a+b+\left(xy+\frac{ab}{xy}\right)\geqq a+b+2\sqrt{xy\cdot\frac{ab}{xy}}$$
$$=a+b+2\sqrt{ab}=(\sqrt{a}+\sqrt{b})^2$$

とし，等号は $xy=\dfrac{ab}{xy}$，すなわち $xy=\sqrt{ab}$ のとき成り立つことを確認し，$\min z=(\sqrt{a}+\sqrt{b})^2$ とするのが正しい．

× ×

関数には，最大値，最小値のほかに極大値，極小値がある．

定義域 D の関数 $f(x)$ で $f(x_1)$ が極大値であるというのは，$x=x_1$ の近傍

において，$f(x_1)$ が $f(x)$ の最大値で，かつ，x_1 と異なる x の値に対しては

$$f(x_1)>f(x)$$

となるという意味である．

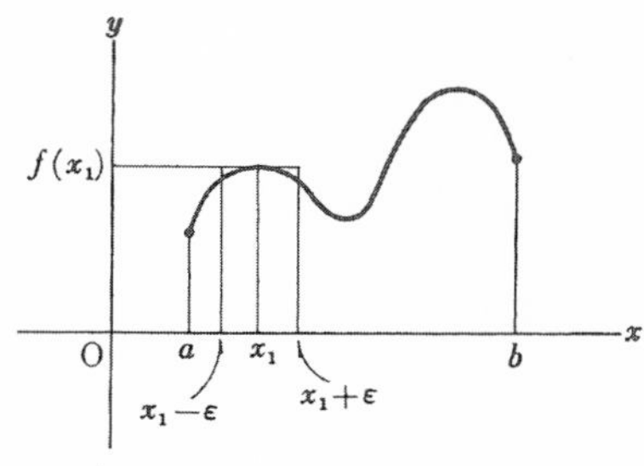

すなわち，正の数 ε を十分小さくとると，$f(x_1)$ は，次の2条件をみたすことである．

(1) $x_1\in D$

(2) $x_1-\varepsilon<x<x_1+\varepsilon$，$x\neq x_1$ のとき $f(x)<f(x_1)$

この定義からわかるように，$f(x_1)$ が最大値であることは，$f(x_1)$ が ε 近傍における最大値ということとは異なる．

もし，極大値 $f(x_1)$ を x_1 の近傍における最大値と定義したとすると，$f(x)$ が区間 $[a,b]$ で一定の値 k をとるとき，区間 (a,b) 内のすべての点で極大値をとることになって都合が悪い．このようなものは，ふつう極大といわないからである．

なお，上の定義からわかるように，$f(x)$ が，閉区間 $[a,b]$ で定義されていても，区間の端の値は極大値にも，極小値にもならない．

なぜかというに，近傍というのは，定義域内に含まれるものを考えるからである．a,b では，そのような近傍をとることができない．

関数

$$f(x)=x+\frac{1}{x} \qquad (x\neq 0)$$

でみると，$f(1)$ は極小値であるが最小値ではない．また $f(-1)$ は極大値であるが，最大値ではない．

× ×

極大値は1つの値であるが，極大は値ではなく，関数の局所的状態を表わすコトバである．

$f(x)$ において $f(x_1)$ が極大値になるとき，$f(x)$ は $x=x_1$ で極大であるという．つまり，$x=x_1$ で $f(x)$ が極大になるとは，$f(x_1)$ が極大値になるような状態に $x=x_1$ の近傍がなっているということである．

極小についても，また最大，最小についても同様である．

§7 関数の凹凸

関数 $f(x)$ に第2次導関数 $f''(x)$ が存在するときは， $f''(x)$ の符号によって，凹凸が見分けられる．すなわち

$f''(x)>0$ ならば，$f(x)$ は下に凸

$f''(x)<0$ ならば，$f(x)$ は下に凹

凹凸はもともとは，幾何学的概念で，グラフについて用いるものであるが，グラフから離脱し，関数そのものの性質とみて，関数で定義するようになった．

関数の凹凸は，導関数によらずに，代数的に定義できるもので，導関数による弁別は，その特殊な場合に過ぎない．したがって，第2次導関数の存在しない関数でも，凹凸は考えられる．

× ×

関数の凹凸を定義する予備知識として平均変化率を明らかにしよう．

関数 $f(x)$ において，x の2つの値を x_1, x_2 $(x_1 \neq x_2)$ としたとき

$$\frac{f(x_2)-f(x_1)}{x_2-x_1}$$

を，x_1 から x_2 までの平均変化率という． $x_1<x_2$ のときは区間 $[x_1, x_2]$ の平均変化率と呼ぶことにしよう．

平均変化率は，関数が単調な区間では符号が一定である．

$f(x)$ が区間 D で増加であるとすると

$$x_1<x_2 \quad \rightarrow \quad f(x_1)<f(x_2)$$

であるから x_2-x_1, $f(x_2)-f(x_1)$ はともに正，したがって平均変化率は正である．

$f(x)$ が区間 D で減少のときは，同様にして平均変化率は負である．

つねに平均変化率>0 $\rightleftarrows$ $f(x)$ は増加

つねに平均変化率<0 $\rightleftarrows$ $f(x)$ は減少

× ×

関数の凹凸の定義の仕方はいろいろあるが，ここでは，平均変化率を用いた定義から話をはじめる．

関数 $f(x)$ において，区間 D の3点を x_1, x_2, x_3 $(x_1<x_2<x_3)$ としたとき，

つねに

$$[x_1, x_2] \text{ の平均変化率} \leqq [x_2, x_3] \text{ の平均変化率} \qquad ①$$

が成り立つとき，$f(x)$ は D で**下に凸**であるという．

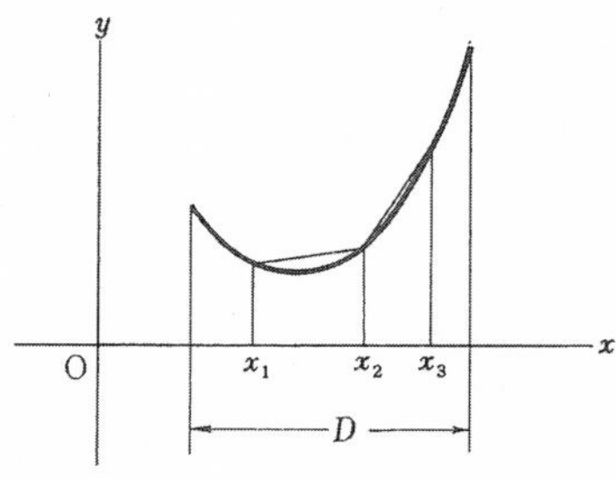

①の不等号が逆のときは**下に凹**であるという．

下に凸，下に凹は，それぞれ上に凹，上に凸ともいう．しかし，下を基準に凹凸をいうことが多いから，この慣用に従うことに約束しておけば，「下に」は省略できる．

①を式でかくと

$$\frac{f(x_2)-f(x_1)}{x_2-x_1} \leqq \frac{f(x_3)-f(x_2)}{x_3-x_2} \qquad ②$$

区間で定義されている関数は，定義域全体において下に凸な関数を**凸関数**といい，下に凹である関数を**凹関数**という．

簡単な例として $f(x)=ax^2$ の凹凸を調べてみる．

$$\frac{f(x_2)-f(x_1)}{x_2-x_1} = \frac{a{x_2}^2-a{x_1}^2}{x_2-x_1} = a(x_2+x_1)$$

同様にして

$$\frac{f(x_3)-f(x_2)}{x_2-x_1} = a(x_3+x_2)$$

差をとると

$$a(x_3+x_2)-a(x_2+x_1) = a(x_3-x_1)$$

$a>0$ ならば　$a(x_3-x_1)>0$ だから　$f(x)$ は凸関数

$a<0$ ならば　$a(x_3-x_1)<0$ だから　$f(x)$ は凹関数

これはグラフの直観と一致している．

×　　　　　　×

②の両辺の符号をかえると不等号の向きが反対になることから，次の法則が導かれる．

[10]　$f(x)$ が凸関数ならば，$-f(x)$ は凹関数である．また $f(x)$ が凹関数ならば $-f(x)$ は凸関数である．

この法則があるために，関数の凹凸は，凸について検討すれば十分であることがわかる．

② をかきかえることによって，凸関数についての別の定義が導かれることを明らかにしよう．

計算を楽にするため，$f(x_1), f(x_2), f(x_3)$ をそれぞれ y_1, y_2, y_3 で表わすことにすれば

$$\frac{y_2-y_1}{x_2-x_1} \leqq \frac{y_3-y_2}{x_3-x_2} \qquad ③$$

この分母を払ってみると

$$(x_3-x_2)(y_2-y_1) \leqq (x_2-x_1)(y_3-y_2)$$

両辺を展開すると両辺から x_2y_2 が約せて

$$x_3(y_2-y_1)+x_2y_1 \leqq (x_2-x_1)y_3+x_1y_2 \qquad ④$$

移項して $x_3(y_2-y_1)-x_1y_2 \leqq (x_2-x_1)y_3-x_2y_1$

両辺に x_1y_1 を加えて

$$(x_3-x_1)(y_2-y_1) \leqq (x_2-x_1)(y_3-y_1)$$

$$\therefore \quad \frac{y_2-y_1}{x_2-x_1} \leqq \frac{y_3-y_1}{x_3-x_1}$$

$[x_1, x_2]$ の平均変化率 $\leqq$ $[x_1, x_3]$ の平均変化率

これはつまり，$[x_1, x_2]$ の平均変化率は x_1 を固定し，x_2 を変化させると，増加関数になることを表わしている．

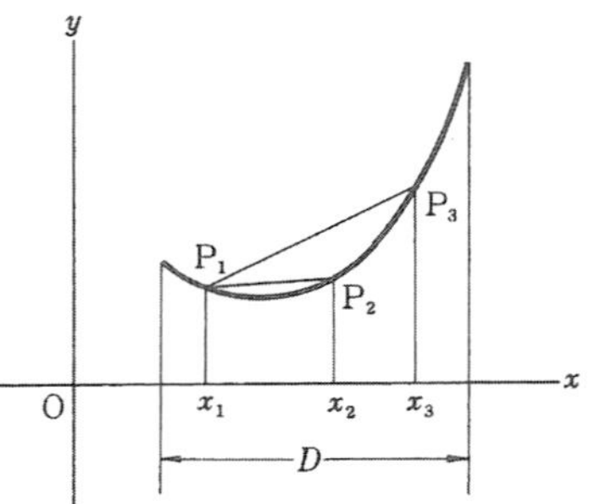

同様にして，x_2 を固定し，x_1 を変化させても，増加関数になる．

$[x_1, x_2]$ の平均変化率は x_1, x_2 の関数であるから，これを $F(x_1, x_2)$ と表わすと，次の結論が得られた．

[11] $f(x)$ が凸関数のときは

x_1 を一定とすると　$x_1<x$ において　$F(x_1, x)$ は増加

x_2 を一定とすると　$x<x_2$ において　$F(x, x_2)$ は増加

×　　　　　　　　×

④ を y_2 について解いてみよ．

$$(x_3-x_1)y_2 \leqq (x_3-x_2)y_1+(x_2-x_1)y_3$$

$$y_2 \leqq \frac{(x_3-x_2)y_1+(x_2-x_1)y_3}{x_3-x_1}$$

ここで，$x_2-x_1 : x_3-x_2=m : n$

とおくと

$$x_2-x_1=mk, \quad x_3-x_2=nk, \quad x_3-x_1=(m+n)k$$

となるから

$$y_2 \leqq \frac{ny_1+my_3}{m+n}$$

一方 $x_2=\dfrac{nx_1+mx_3}{m+n}$ であるから，上の式を関数記号にもどすと

$$f\left(\frac{nx_1+mx_3}{m+n}\right) \leqq \frac{nf(x_1)+mf(x_3)}{m+n} \qquad ⑤$$

となって，よく見かける式が表われた．

上の計算は逆が成り立つから，凸関数の定義として⑤を選んでもよいことがわかった．ここで，⑤の x_3 を x_2 にかきかえ，まとめておく．

[12] $f(x)$ が D で凸関数であるための条件は，D 内の任意の2数 x_1, x_2 に対して

$$f\left(\frac{nx_1+mx_2}{m+n}\right) \leqq \frac{nf(x_1)+mf(x_2)}{m+n} \qquad (m, n>0)$$

が成り立つことである．

➡注　$m=0$ または $n=0$ のときは，明らかに等号が成り立つから，但しがきは $m, n \geqq 0$ とあらためても内容的に変化はない．

この条件はグラフでみると

$$\mathrm{HP} \leqq \mathrm{HQ}$$

すなわち，線分 $\mathrm{P_1P_2}$ 上の点が，グラフの下側には現われないことである．

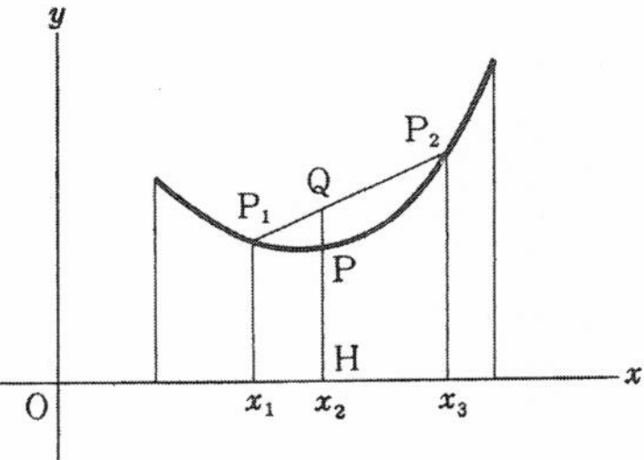

練習問題 1

問題

1．n が正の整数で，$x>0$ のとき，次のことを証明せよ．

(1) $f(x)=x^n$ は増加関数

(2) $g(x)=\dfrac{1}{x^n}$ は減少関数

2．$a, b>0$，$a \neq b$ のとき，次の関数の増減を調べよ．

$f(x)=\sqrt{x+a}-\sqrt{x+b}$

3．$f(x)=\dfrac{2x}{x^2+1}$ の増減を調べ，最大値または最小値を求めよ．

4．定義域 D の関数 $f(x)$ が $x=x_1$ で最大ならば，次の関数もここで最大になることを示せ．

(1) $g(x)=f(x)+k$

(2) $h(x)=kf(x)$ $(k>0)$

5．$A \subseteqq B$ ならば

(1) $\max A \leqq \max B$

(2) $\min A \geqq \min B$

であることを証明せよ．

6．次のことを証明せよ．

(1) $|a|=\max\{a, -a\}$

(2) $|a|+|b| \geqq |a+b|$

7．$f(x)=x^3$ は $x>0$ で凸関数であることを示せ．

8．関数 f, g が区間 D で凸ならば $f+g$ も区間 D で凸といえるか．

9．関数 $f(x)$ が区間 D で凸で，値が正のとき，$\dfrac{1}{f(x)}$ は凹であるといえるか．

ヒントと略解

1．$0<x_1<x_2$ とすると

(1) $f(x_2)-f(x_1)=x_2{}^n-x_1{}^n$

$=(x_2-x_1)(x_2{}^{n-1}+x_2{}^{n-2}x_1+\cdots+x_1{}^{n-1})>0$

(2) $f(x)$ は増加で，正だから $\dfrac{1}{f(x)}$ は減少

2．$f(x)=\dfrac{a-b}{\sqrt{x+a}+\sqrt{x+b}}$ と変形せよ．

$a>b$ のとき減少，$a<b$ のとき増加

3．$f(0)=0, x \neq 0$ のとき $g(x)=\dfrac{1}{2}\left(x+\dfrac{1}{x}\right)$ とおくと $f(x)=\dfrac{1}{g(x)}, g(x)$ の増減から $f(x)$ の増減を導く．最大値 1，最小値 -1

4．$x_1 \in D$ で，$x \in D$ のとき $f(x) \leqq f(x_1)$

(1) したがって $f(x)+k \leqq f(x_1)+k$

$\therefore$ $g(x) \leqq g(x_1)$

(2) $kf(x) \leqq kf(x_1)$ $\therefore$ $h(x) \leqq h(x_1)$

5．(1) $\max A=a$ とおけ．$a \in A$ から $a \in B$ よって $a \leqq \max B$

(2) $\min A=a$ とおけ．$a \in A$ から $a \in B$

$a \geqq \min B$

6．(1) $a \geqq 0$ ならば $|a|=a \geqq -a$，$a<0$ ならば $|a|=-a>a$

(2) (1) を用いる．$|a|=\max(a, -a)$，$|b|=\max(b, -b)$ だから

$|a|+|b| \geqq \max\{a+b, a-b, -a+b, -a-b\}$

$\geqq \max\{a+b, -(a+b)\}=|a+b|$

7．$0<x_1<x_2<x_3$ とすると

$[x_1, x_2]$ の平均変化率$=x_2{}^2+x_1x_2+x_1{}^2$

$[x_2, x_3]$ の平均変化率$=x_3{}^2+x_2x_3+x_2{}^2$

下の式－上の式$=(x_3-x_1)(x_1+x_2+x_3)$

8．いえる．定義の2式を加える．

9．いえない．反例 $\sqrt{x}$ と $\dfrac{1}{\sqrt{x}}$ $(x>0)$

第2章　有理関数と無理関数

はじめに　有理関数，無理関数全般を取り扱うのではない．処理方法は主として代数的だから，有理関数は2次までのもの，それよりも高次なものは，ある限られたタイプのものである．無理関数になると一層範囲はせまく，x,y の2次方程式

$$ax^2+2hxy+by^2+\cdots=0$$

によって定義されるものに限定されよう．

×　　　×

関数を学ぶのに解析幾何で学んだことが役に立ち，その反対の場合があることは事実である．だからといって，両者は一緒に指導すべきだとか，ごたごたに学ぶのがよいということにはならない．

1次関数　$f(x)=ax+b$　のグラフの指導で，b を切片と呼ぶのは，関数へ解析幾何をナマのまま持ち込んだ悪例の1つであろう．b は関数でみると $x=0$ に対応する関数の値であって $f(0)$ そのものである．切片は解析幾何の領域の用語であろう．まして b を y 切片とよび，x 切片は $-\dfrac{b}{a}$ だなどというにいたっては笑い草のような気がする．$-\dfrac{b}{a}$ は関数の値0に対応する x の値に過ぎない．

ここまでは，まあよいとして，1次関数のグラフの指導のなかで「$x=h$ は直線を表わす」がとび出すのはひど過ぎよう．

$f(x)=ax+b$ では，$a=0$ の特殊なときに，$f(x)=b$ となって定値関数になり，グラフは x 軸に平行な直線になるが，関数として

$$x=h$$

が姿をみせることはありえない．このようなものが表われるのは，x,y についての1次方程式

$$ax+by+c=0$$

の表わす図形を取扱う場合であって，完全に解析幾何の領域である．

この方程式の表わす図形は集合の表わし方によると

$$\{(x,y)\mid ax+by+c=0\}$$

であると，つかんでおけば，その特殊な場合として

$$\{(x, y) \mid by+c=0\}$$

$$\{(x, y) \mid ax+c=0\}$$

が現われたとしても，不自然でなく，学生も迷わないだろう．

× ×

現在の高校における関数の代数的処理は，グラフの平行移動に支点がかたより過ぎていないだろうか．平行移動は合同変換であって，余りにも解析幾何的な気がする．

目標はグラフのユークリッド性質ではなく，関数の変化なのだから，変換を行なうとすれば，増減をかえないもの，凹凸をかえないもの，極値をかえないものといった視点が，もっと尊重されてよいだろう．関数の合成が登場した最近では，合成も有力な手がかりになる．

人間はとかく使いなれたものが便利で，最高だと思いがちである．電気洗濯機より洗濯板がよいというのは回顧趣味である．平行移動は使いなれた教師には便利であろうが，はじめて学ぶ学生は白紙だから，どんなものにも柔軟に対応できる素地があることを忘れてはならない．

関数の合成は，グラフをかくには有効な手段である．平行移動で鍛えられた学生は，関数がちょっと変わるだけで，手も足も出なくなる．

たとえば

$$f(x)=x^2+1$$

のグラフはかけるが

$$g(x)=\sqrt{f(x)}=\sqrt{x^2+1}$$

のグラフはかけない．

このグラフをかくのに $y=\sqrt{x^2+1}$ とおいて有理化して

$$y^2-x^2=1, \quad y \geqq 0$$

を導き，直角双曲線の半分だとみないと気が済まないというのは，グラフの形をユークリッド的にとらえることを至上とする立場で，増減や極値を知るのを目標とするグラフのかき方から，かなり足をふみはずしてはいないだろうか．

しかも，こういう方法は $f(x)$ に対数関数 $\log x$ と合成した

$$h(x)=\log f(x)=\log\left(x+\frac{1}{x}\right)$$

では完全に行詰る．

× ×

微分法へ進む前に，関数として何をどのように指導すべきかは，数学教育上の重要な課題である．

微分法至上主義はとれないにしても，現状は余りにも無駄が多過ぎよう．それに追車をかけているのが入試である．

ここでも入試を完全に無視するわけにはいかないが，できるだけ整合的に眺めるようつとめた．

§1 1次関数

1次関数は中学以来の教材である．その変化は簡単だからといって，馬鹿にしてはいけない．1次関数は線型関数へ発展する素地を宿しているし，他の関数の近似化の基礎にもなる．微分法は，関数の局所の一次化ともみられるもので，この考えは多変数関数の微分法へそのまま拡張する道が開かれている．

1次関数の特徴は増減でみると単調性によって要約される．凹凸でみると，凹関数であると同時に凸関数でもあり，これは，平均変化率一定によって一括される．

[1] 1次関数 $f(x)=ax+b$ は実数全域で単調である．

くわしくみると

$a>0$ のとき —— 増加関数

$a<0$ のとき —— 減少関数

したがって，閉区間 $[p,q]$ で定義されている場合には，区間の端で最大，最小になる．どちらの端で最大，最小が起きるかは a の符号によって定まる．a の符号が未知のときは

$$\max f(x)=\max\{f(p),f(q)\}$$

$$\min f(x)=\min\{f(p),f(q)\}$$

によって，最大値を求められる．

この事実は，1次関数に限らず，一般に，閉区間 $[p,q]$ で定義されている単調関数 $f(x)$ にそのままあてはまる．

上の式から，この関数 $f(x)$ の値がつねに正の条件は

$$\min\{f(p),f(q)\}>0$$

すなわち

$$f(p)>0 \quad かつ \quad f(q)>0$$

また，つねに負の条件は

$$\max\{f(p),f(q)\}<0$$

から

$$f(p)<0 \quad かつ \quad f(q)<0$$

が導かれる．

簡単な実例を1つ挙げてみる.

m が定数のとき，関数

$$f(x)=(m-2)x+(7-2m), \quad x\in[-1,1]$$

の最大値を求めよ.

2つの解き方が考えられよう.

$m\geqq 2$ のときは $x=1$ で最大になるから

$$\max f(x)=f(1)=-m+5$$

$m<2$ のときは $x=-1$ で最大になるから

$$\max f(x)=f(-1)=-3m+9$$

もう1つは

$$\max f(x)=\max\{f(1),f(-1)\}$$
$$=\max\{-m+5,-3m+9\}$$

による方法である.

$$(-m+5)-(-3m+9)=2(m-2)$$

$\therefore$ $m\geqq 2$ のとき $\max f(x)=-m+5$

$m<2$ のとき $\max f(x)=-3m+9$

第1の解き方は，グラフのイメージに頼るが，第2の解き方は，その必要がなく，代数計算が唯一の頼りで，推論は機械的にすすめられる．それだけに第2の解き方は多変数の場合への拡張が容易で，線型計画法のもとになる．これについては第3章の多変数関数を見て頂きたい.

× ×

上の関数で，つねに $f(x)>0$ となるための m の条件を求めてみると，第1の解き方よりは，第2の解き方の方がすぐれていることに気付くだろう.

$$f(1)=-m+5>0, \quad f(-1)=-3m+9>0$$
$$m<5, \quad m<3$$
$$\therefore \quad m<3$$

これが第2の解き方．もし第1の解き方によったとすると

$m\geqq 2$ のとき $f(-1)=-3m+9>0$ から $m<3$

$\therefore$ $2\leqq m<3$ ①

$m<2$ のとき $f(1)=-m+5>0$ から $m<5$

$\therefore$ $m<2$ ②

最後に区間 ① と ② を合せて

$$m<3$$

×　　　　×

1次関数の第2の特徴は，平均変化率が一定ということであった．

[2] $f(x)=ax+b$ の x_1 から x_2 までの平均変化率は，x_1, x_2 に関係なく一定で，a に等しい．

$$x_1 \text{ から } x_2 \text{ までの平均変化率} = \frac{f(x_2)-f(x_1)}{x_2-x_1} = a \quad (\text{一定})$$

関数 $ax+b$ に関する限り，平均変化率の「平均」は不要であって，最初から変化率が定義される．すなわち

$$\frac{f(x_2)-f(x_1)}{x_2-x_1}$$

は x_1, x_2 に関係なく一定値が定まるから，これ自身を変化率と定義すればよい．

1次関数で，この変化率を定義しておけば，任意の関数 $f(x)$ では，2点 x_1, x_2 の間を x_1 と x_2 とで同じ値をとる1次関数

$$g(x)=ax+b$$

で近似する道が開ける．

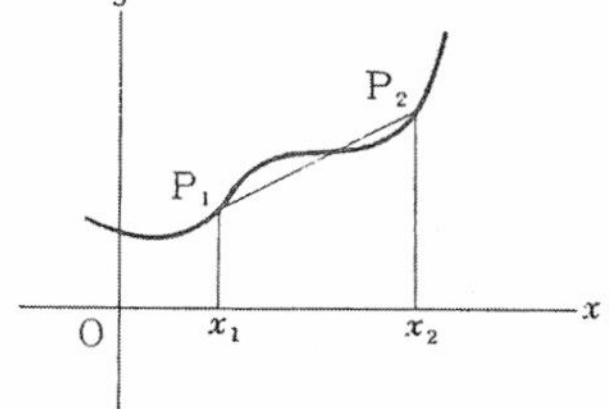

$g(x_1)=f(x_1)$，$g(x_2)=f(x_2)$ から

$$ax_1+b=f(x_1)$$

$$ax_2+b=f(x_2)$$

これを解いて

$$a=\frac{f(x_2)-f(x_1)}{x_2-x_1}, \qquad b=\frac{x_2f(x_1)-x_1f(x_2)}{x_2-x_1}$$

そこで，

$$g(x)=\frac{f(x_2)-f(x_1)}{x_2-x_1}x+\frac{x_2f(x_1)-x_1f(x_2)}{x_2-x_1}$$

これが $f(x)$ の x_1 と x_2 の間を近似した1次関数で，この変化率をもって，$f(x)$ の x_1 から x_2 までの平均変化率と定義される．ここで $x_2 \to x_1$ の極限をとると，$f(x)$ の x_1 における変化率，すなわち微分係数 $f'(x_1)$ が定義される．

この定義の順序を図式化して示すと

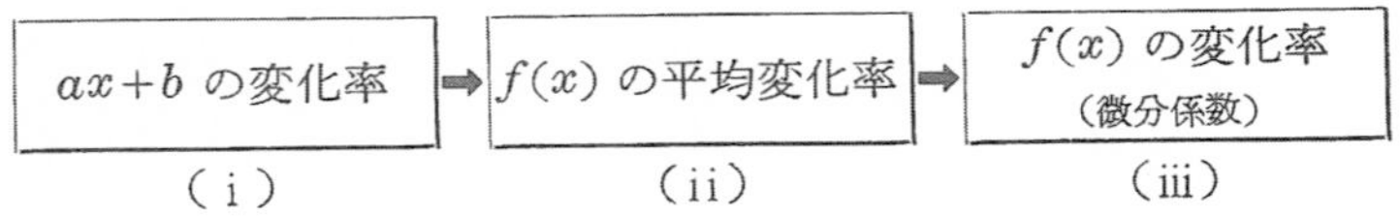

となって，きわめて合理的であるのに気づく.

従来の方法は (i) をとばして (ii) から進み，(i) を (iii) に包含させる.

(ii) → (iii)

この方法は，変化率を知らないのに，平均変化率を持ち出すわけで，前後が転倒しており，なんとなくすっきりしない.

4辺形を知らずに平行4辺形を先に学び，あとで4角形が出てくるようなものである．線型的なものから非線型的なものへ，この一貫した展開順序を高校の数学にも確立できないものか.

たとえば $f(x)=x^2$ の x_1の付近は $x=x_1+\Delta x$ とおくと

$$f(x+\Delta x)=(x_1+\Delta x)^2=x_1{}^2+2x_1(\Delta x)+(\Delta x)^2$$

となる．Δx が十分小さいと，$x_1{}^2+2x_1(\Delta x)$ にくらべて $(\Delta x)^2$ は小さいから，これを省略することによって，1次の近似関数

$$g(\Delta x)=x_1{}^2+2x_1\Delta x=f(x_1)+2x_1\Delta x$$

がえられる.

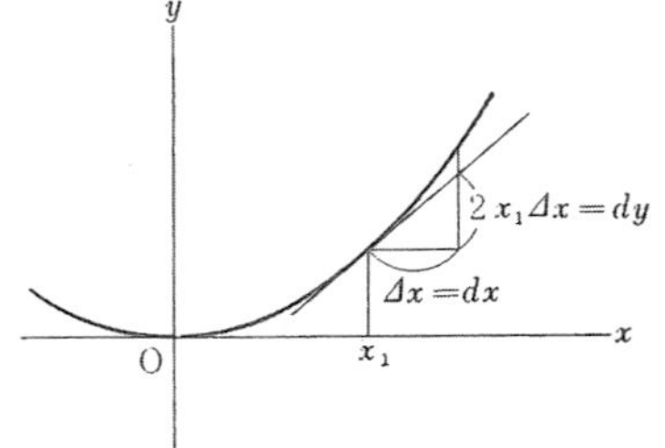

これは Δx の1次関数（見かけの）であるから，変化率 $2x_1$ が定まる．これを x_1 における $f(x)$ の微分係数と定義すれば，1次関数がうまく生かされよう.

この方法によると，微分 dy, dx の導入もうまくいくので，現在のように $\dfrac{dy}{dx}$ で dy と dx を分離することの困難も解決されよう．この分離を無視して積分へゆくから $\int f(x)dx$ の dx で行詰るのである．とくに置換積分で，$x=g(t)$ と置いた場合

$$dx=g'(t)dt$$

が使えないのはつらい.

x^2 を近似したときに

$$dy=2x_1dx \quad \to \quad dy=f'(x_1)dx$$

を出しておけば，dx, dy は1人歩きが自由にできよう．

1次関数のことは，これぐらいにして2次関数へゆくことにする．

§2　2次関数

2次関数の一般形は

$$f(x)=ax^2+bx+c \qquad (a \neq 0) \tag{①}$$

このままでみると，$f(x)$ は3つの関数 ax^2, bx, c の結合である．

この式は，$x=0$ の近似のようすをみるにはよいが，他の点のようすをみるには向かない．

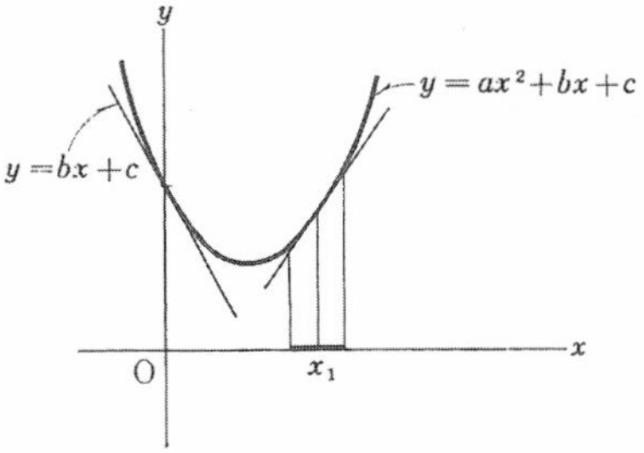

$x=0$ の近傍では x は十分小さいから ax^2 を省略した

$$y=bx+c$$

は第1次近似式で，$x=0$ における接線を表わす．

$x=x_1$ におけるようすをみたいときは，$x-x_1$ についての2次式にかきかえる．

$$f(x)=a(x-x_1)^2+(2ax_1+b)(x-x_1)+ax_1{}^2+bx_1+c$$

x_1 の近傍では $(x-x_1)^2$ を省略した

$$y=(2ax_1+b)x+f(x_1)$$

が，第1次の近似式である．

このような見方をすれば，微分係数へと，すなおに発展してゆくのだが，余り観迎されないのが現況であろう．微分法にふれるのは，今回の眼目でないから，代数的処理に切りかえよう．

×　　　　　　×

2次関数①を代数的に処理するとき，よく見かける変形は

$$f(x)=a\left(x+\frac{b}{2a}\right)^2-\frac{b^2}{4a}+c$$

$$=a\left(x+\frac{b}{2a}\right)^2-\frac{b^2-4ac}{4a} \to a(x+p)^2+q \tag{②}$$

である．これを**標準変形**と呼ぶことにしよう．

この変形の長所は，２次関数が簡単な関数の合成としてとらえられる点にある．合成の順序は

$$x+p \xrightarrow{f_1} (x+p)^2 \xrightarrow{f_2} a(x+p)^2 \xrightarrow{f_3} a(x+p)^2+b$$

平方する　　a をかける　　b をたす

f_1, f_2, f_3 は関数としてみると，それぞれ

$$f_1(x)=x^2, \quad f_2(x)=ax, \quad f_3(x)=x+b$$

で表わされるから，はじめの関数を $f_0(x)=x+p$ とおくと，f は合成

$$f=f_3f_2f_1f_0 \qquad ③$$

によって表わされる．

f_1 だけが２次で，他は１次関数で，しかも簡単なものだから，グラフ上でみても，その操作はきわめて単純である．

×　　　　×

②は，さらに　$f(x)=a|x+p|^2+q$

とかきかえると，グラフをかくのに都合がよいし，増減も見やすい．

この場合の合成は，上の合成で $f_0(x)=x+p$ を $f_0(x)=|x+p|$ にかえるだけでよい．

具体例でみれば，実感を深めよう．

$$f(x)=\frac{1}{2}x^2-3x+\frac{13}{2}=\frac{1}{2}|x-3|^2+2$$

$$|x-3| \xrightarrow{f_1} |x-3|^2 \xrightarrow{f_2} \frac{1}{2}|x-3|^2 \xrightarrow{f_3} \frac{1}{2}|x-3|^2+2$$

この合成順にグラフをかいてみよ．

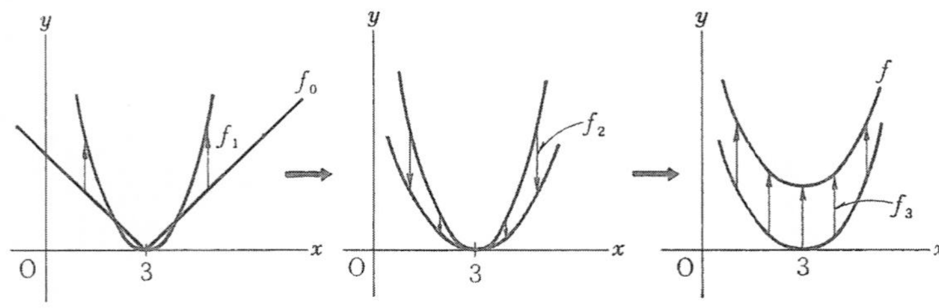

毛嫌いせずに，ぜひためして頂きたい．関数の合成の理解にもなって，一挙両得であろう．

$|x-3|$ の増減区間の最小になる点は，$|x-3|^2$ の場合と同じで，さらに $\frac{1}{2}|x-3|^2+1$ の場合とも同じであり，最小値もたやすく求められる．

x	$\cdots$	0	$\cdots$
$\|x-3\|$	↘	最小 0	↗

×

$\longrightarrow$

x	$\cdots$	0	$\cdots$
$f(x)$	↘	最小 1	↗

×

ここで，慣例の平行移動を振り返ってみる．

点 $\mathrm{P}(x,y)$ を右へ h，左へ k だけ平行移動した点を $\mathrm{Q}(X,Y)$ とすると

$$\begin{cases} X=x+h \\ Y=y+k \end{cases} \rightleftarrows \begin{cases} x=X-h \\ y=Y-k \end{cases} \qquad ④$$

この移動によって，曲線 $F(x,y)=0$ は $F(X-h,Y-k)=0$ にうつる．つまり，$F(x,y)=0$ の x,y をそれぞれ $x-h,y-k$ で置きかえたものが，移動後の曲線の方程式である．

$$\underset{\text{もとの曲線}}{F(x,y)=0} \Longrightarrow \underset{\text{移動後の曲線}}{F(x-h,y-k)=0}$$

この結果からみて，曲線 $y=ax^2+bx+c$ がどんな曲線になるかをみるには $x-h,y-k$ についての方程式にかえなければならないことがわかる．

$$y=a\left(x+\frac{b}{2a}\right)^2-\frac{b^2-4ac}{4a}$$

$$y+\frac{b^2-4ac}{4a}=a\left(x+\frac{b}{2a}\right)^2$$

ここで $-\frac{b}{2a}=h,\ -\frac{b^2-4ac}{4a}$ とおくと

$$y-k=a(x-h)^2 \qquad ⑤$$

この曲線は，曲線 $y=ax^2$ に平行移動④を行なったものである．

この考えは，関数 $f(x)=ax^2+bx+c$ を $y=ax^2+bx+c$ とおくことによって，x,y についての方程式を見直し，この方程式をさらに⑤の形にかえたわけだ，見方は完全に解析幾何的である．

$$\underset{\text{関数}}{f(x)=ax^2+bx+c} \Rightarrow \underset{\text{方程式}}{y=ax^2+bx+c} \Rightarrow \underset{\text{変形した方程式}}{y-k=a(x-k)^2}$$

このときの変換は平行移動だから，曲線の形と大きさは変わらないけれども，

増減区間，最大最小の起きる点などはずれる．$a>0$ のときの増減表をくらべてみよう．

x	$\cdots$	0	$\cdots$
ax^2	↘	最小 0	↗

x	$\cdots$	$-h$	$\cdots$
$f(x)$	↘	最小 k	↗

2次関数はつねに $f(x)=a(x-h)^2+k$ の形にかえられたから，ここで $(x-h)^2=t$ とおくと

$$g(t)=at+k \qquad (t\geqq 0)$$

となって1次関数にかわる．

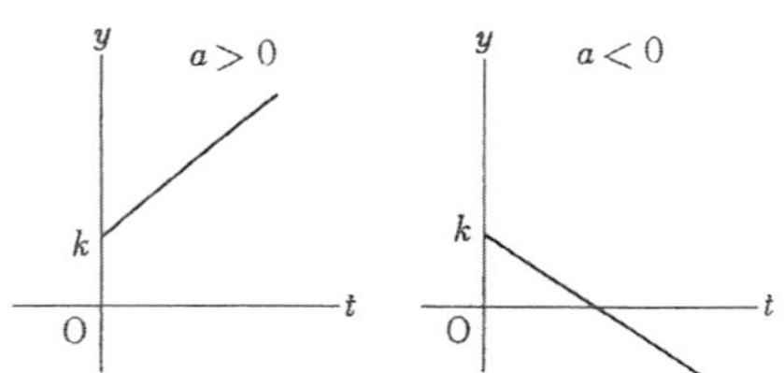

最大値•最小値を求めるだけが目標ならば，これで十分である．1次関数だから，その単調性が使えて

$a>0$ のときは，$t=0$ すなわち $x=h$ で最小値 k となり

$a<0$ のときは，$t=0$ すなわち $x=h$ で最大値 k となる．

§3 2次関数の類型化

2次関数の重要な性質は，関数の値がつねに正の場合と負の場合があることである．1次関数は，どんな場合にも，値が変わりうるが，2次関数ではそうでない場合が起きる．

関数の値がつねに正である関数を**正値関数**といい，つねに負である関数を**負値関数**という．

2次関数 $f(x)=ax^2+bx+c$ が正値関数になるための条件は，よく知られているように

$$a>0, \qquad D=b^2-4ac<0$$

で，このとき $f(x)$ は

$$f(x)=a\left\{\left(x+\frac{b}{2a}\right)^2+\frac{-D}{4a}\right\}$$

とかきかえられるから，ここで $-\dfrac{b}{2a}=p$，$\dfrac{-D}{4a}=q^2$ とおくと

$$f(x)=a\{(x-p)^2+q^2\} \qquad (a>0, q \neq 0)$$

の形に整理される.

この式は，2次方程式 $f(x)=0$ の共役な2根を $p+qi, p-qi$ とおいて，$f(x)$ を因数分解した式を

$$\begin{aligned} f(x) &= a\{x-(p+qi)\}\{x-(p-qi)\} \\ &= a\{(x-p)-qi\}\{(x-p)+qi\} \\ &= a\{(x-p)^2+q^2\} \end{aligned}$$

と書きかえたものにほかならない.

× ×

この形の式には興味ある性質がある.

2つの式

$$f_1(x)=a_1\{(x-p_1)^2+q_1{}^2\}, \quad f_2(x)=a_2\{(x-p_2)^2+q_2{}^2\} \qquad (q_1q_2 \neq 0)$$

の積を変形してみよ.

$$f_1(x)f_2(x)=a_1a_2(x-p_1+q_1i)(x-p_1-qi)\cdot(x-p_2+q_2i)(x-p_2-q_2i)$$

因数の順序をかえ，第1因数と第3因数，第2因数と第4因数の積を作り

$$(x-p_1)(x-p_2)-q_1q_2=A, \quad (x-p_1)q_2+(x-p_2)q_1=B$$

とおくと

$$\begin{aligned} f_1(x)f_2(x) &= a_1a_2(A+Bi)(A-Bi) \\ &= a_1a_2(A^2+B^2) \end{aligned}$$

と，平方の和の形になる.

A, B は x の関数だが，これらを同時に0にする x の値はない．それは $f_1(x)f_2(x)$ が正値関数であることから当然であるが，式の上でも確かめられる．かりに $A=0, B=0$ となったとすると，$B=0$ から

$$x-p_1=q_1k, \quad x-p_2=-q_2k \qquad (k \text{ は実数})$$

これを $A=0$ に代入すると

$$-q_1q_2k^2-q_1q_2=0 \qquad q_1q_2(k^2+1)=0$$

となって矛盾に達する.

× ×

負値関数の条件は $a<0, D<0$ である．その他の場合を含め，2次関数が，次の6つの形に分類されることは，多くのテキストにある通りである.

$D<0$	$D=0$	$D>0$
$a\{(x-p)^2+q^2\}$	$a(x-p)^2$	$a\{(x-p)^2-q^2\}$

①

ただし，おのおのについて $a>0$ のときと，$a<0$ のときを区別する．

さて，これらをもっと簡単な形の式で代表することはできないものか．もちろん，各類型ごとにもっている関数の特徴

正値性，　負値性，　符号の変化，　増減

などを保存してのことである．

関数 $f(x)$ に対する簡単な変換で，これらの特徴を保つのは，1次変換

$$x=mt+n \qquad (m>0)$$

である．この変換は数直線 x でみると，目盛の幅の変更，および基点の移動の合成である．この変換によって，x の区間 D は t の区間 D' へ変わったとすると $f(x)$ の D における単調性と凹凸は，$f(mt+n)$ では D' で保存される．

その理由は $x=x_1, x_2$ に対応する t の値を t_1, t_2 とすると

$$\frac{f(x_2)-f(x_1)}{x_2-x_1}=\frac{f(mt_2+n)-f(mt_1+tn)}{m(t_2-t_1)} \qquad (m>0)$$

となり，x_2 から x_1 までの $f(x)$ の平均変化率は，t_1 から t_2 までの $f(mt+n)$ の平均変化率の $\dfrac{1}{m}$ になることによって納得されよう．

この1次変換を行なってみる．たとえば $a>0, D<0$ のときは

$$a\{(x-p)^2+q^2\}=(\sqrt{a}\,x-\sqrt{a}\,p)^2+(\sqrt{a}\,q)^2$$

$\sqrt{a}\,x-\sqrt{a}\,p=t$ すなわち $x=\dfrac{1}{\sqrt{a}}t+p$ を行ない $\sqrt{a}\,q=k$ とおくと

$$t^2+k^2$$

になる．

その他の場合も同様であるから，結局次の6つの代表がえられる．

t^2+k^2　$(k>0)$ （正値関数）	t^2	t^2-k^2　$(k>0)$
$-(t^2+k^2)$　$(k>0)$ （負値関数）	$-t^2$	$-(t^2-k^2)$　$(k>0)$

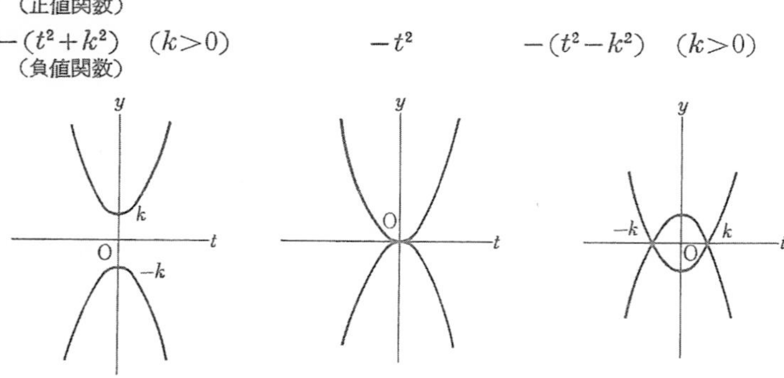

§4 高次関数について

代数的処理が有効なのは2次関数までである．3次以上になると，ある特殊な場合を除いて役に立たない．3次以上は微分法が本領を発揮する領域である．

一般の3次関数で，代数的処理の可能な性質といえば，グラフが点対称になることである．この性質は関数的性質というよりは，幾何的性質に近いもので，3次方程式

$$y=ax^3+bx^2+cx^2+d \qquad (a\neq 0) \qquad ①$$

の性質とみるのが適切であろう．

これが点対称形であることを示すには，平行移動によって

$$Y=AX^3+BX \qquad ②$$

の形にかえられることを示せばよい．この新しい方程式は，Y を X の関数とみると奇関数である．

① に $x=X+h$，$y=Y+k$ を代入すると

$$Y+k=a(X+h)^3+b(X+h)^2+c(X+h)+d$$

これが ② の形になるためには

X^2 の係数$=0$ から　　$3ah+b=0$

定数項$=0$ から　　$k=ah^3+bh^2+ch+d$

第1式から　　$h=-\dfrac{b}{3a}$

これを第2式に代入して

$$k=\frac{2b^3}{27a^2}-\frac{bc}{3a}+d$$

h,k の値が1組定まった．この h,k の値を用いると ① は

$$Y=aX^3+BX$$

の形にかえられる．これは x,y で表わせば

$$y-k=a(x-h)^3+B(x-h)$$

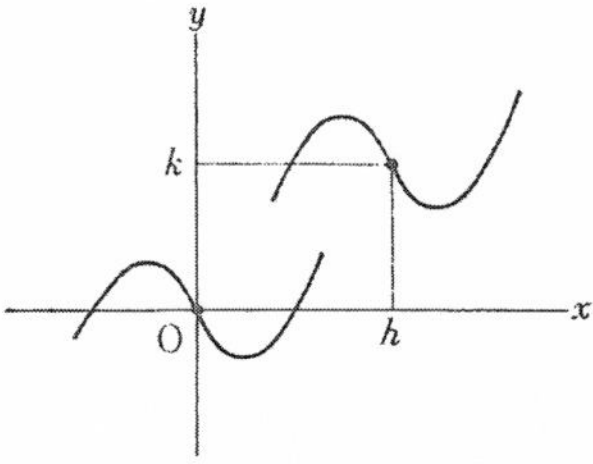

で，① を変形したものである．この曲線は，明らかに曲線 ② に平行移動 (h,k) を行なったものであり，点 (h,k) について対称である．

× ×

3次曲線の類型化はどうか.

2次曲線の場合と同様に，変換は $x=mt+n$ $(m>0)$ に限定しよう.

先の計算からわかるように,

$$f(x)=ax^3+bx^2+cx+d \quad ①$$

変換 $x=X+h$ のみならば，X^2 の項が消失するだけだから

$$f(x)=aX^3+BX+C \quad ②$$

の形になる.

ここで，$B=3ah^2+2hb+c$，これに $h=-\dfrac{b}{3a}$ を代入して

$$B=-\frac{b^2-3ac}{3a},\ なお\quad C=\frac{2b^3}{27a^2}-\frac{bc}{3a}+d$$

$a>0$ のときをみると，②はさらに $\sqrt[3]{a}X=t$ とおくことによって

$$t^3+\frac{B}{\sqrt[3]{a}}t+C$$

これは B の符号，すなわち b^2-3ac が負か，0か，正かによって次の3つの形に分けられる.

$$t(t^2+k^2)+C,\quad t^3+C,\quad t(t^2-k^2)+C$$

$a<0$ のときは同様にして

$$-t(t^2+k^2)+C,\quad -t^3+C,\quad -t(t^2-k^2)+C$$

以上の6つのタイプが，3次関数の類型の代表である.

次の図は $a>0$ のときのグラフである.

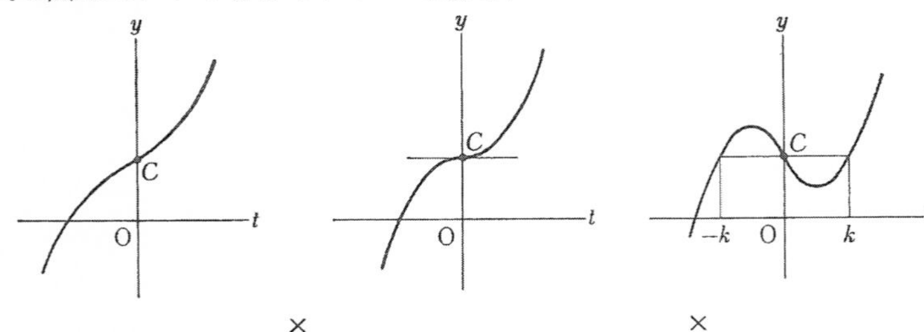

× ×

$\pm t(t^2+k^2)+C$ と $\pm t^3+C$ は式の形から単調関数であることがわかる．残りの場合に極値をもつ．すなわち

$$f(x)=ax^3+bx^2+cx+d$$

は $b^2-3ac>0$ のときに極値をもつ.

その極値は，微分法によるのでないと求まりそうもなく見えるが，事実はそうでない．変数変換によって，x の1次の項を消した形を導けば，相加平均と相乗平均の大小関係を用いることによって求められるのである．

$x=X+h$ とおくと，

$$f(x)=a(X+h)^3+b(X+h)^2+c(X+h)+d$$

X の1次の項を0とするには

$$3ah^2+2bh+c=0$$

をみたすように実数 h を選べばよい．さいわいにして，この方程式は，判別式が $4(b^2-3ac)>0$ となるから，異なる2実根をもち，h の値を2つ求めることができる．

この h に対し，3次関数は

$$f(x)=aX^3+b'X^2+c'=aX^2\left(X+\frac{b'}{a}\right)+c'$$

の形になる．この式は，$\left|\dfrac{b'}{a}\right|=\alpha$ とおくと，$\dfrac{b'}{a}$ の正，負によって

$$aX^2(X+\alpha)+c' \quad \text{または} \quad aX^2(X-\alpha)$$

のいずれかになる．第1式は X を $-X$ で置きかえると $-aX^2(\alpha-X)$，結局

$$g(x)=x^2(\alpha-x) \qquad \alpha>0$$

の極値を求めることに帰着した．

この関数は，$x=0$ の近傍でみると αx^2 に近似的で，$x=0$ で極小になり，極小値は0である．

次に区間 $0<x<\alpha$ でみると $x,\alpha-x$ は正の数であるから，3つの式 $x,x,2(\alpha-x)$ に相加平均と相乗平均との大小関係を用いてみると

$$\frac{x+x+2(\alpha-x)}{3}\geqq\sqrt[3]{2x^2(\alpha-x)}$$

$$\therefore \quad \left(\frac{2\alpha}{3}\right)^3\frac{1}{2}\geqq g(x)$$

等号は $x=2(\alpha-x)$ すなわち $x=\dfrac{2}{3}\alpha$ のとき成り立ち，このとき $g(x)$ は極大値 $\dfrac{4\alpha^3}{27}$ をとることがわかった．

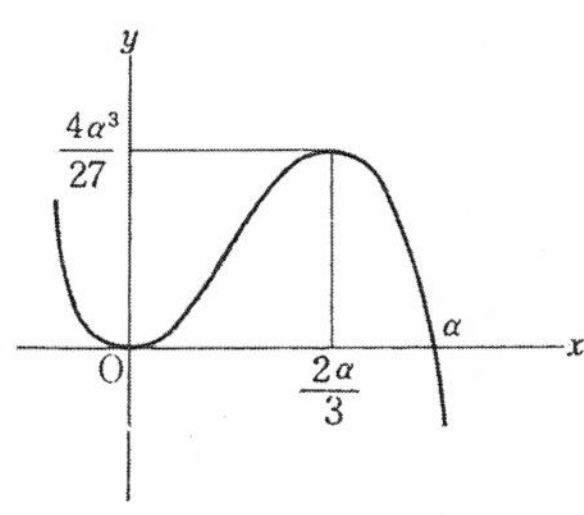

このような技巧的方法は観迎すべきものでないが，代数的方法の有効なギリギリの限界を探るという意味で，クイズ的興味はあろう．

数学のすべての領域における内容は，問題解決に当っては方法の役割を果す．すなわち，内容即方法ということである．すべての方法は限界をもつのが宿命ともいえる．代数的方法による極値の求め方の限界は，整関数でみれば3次どまりであろう．4次以上は，特殊なタイプのものでないと手が出そうもない．

× ×

上の3次関数の極値を求める方法は，そのまま4次関数に当てはめ，1次の項を消失させてみても成功しない．1次と2次を同時に消失させることができる特殊な場合には，

$$f(x)=ax^4+bx^3+c=ax^3\left(x+\frac{b}{a}\right)+c$$

の形の式になるから，前と同様にして

$$g(x)=x^3(\alpha-x) \qquad (\alpha>0)$$

の極値を求めることになり，成功する．

一般に

$$g(x)=x^n(\alpha-x) \qquad (\alpha>0)$$

の形の $n+1$ 次の関数は区間 $0<x<\alpha$ に極値をもち，それは相加平均と相乗平均との大小関係の利用によって求められる．n 個の x と $\alpha-x$ に平均を用いれば

$$\frac{x+x+\cdots+x+n(\alpha-x)}{n+1}\geqq\sqrt[n+1]{nx^n(\alpha-x)}$$

$$\left(\frac{\alpha}{n+1}\right)^{n+1}n^n\geqq g(x)$$

から，$x=n(\alpha-x)$ すなわち $x=\dfrac{n}{n+1}\alpha$ のとき，$g(x)$ は極大で，極大値は上の不等式の左辺の値であることがわかるのである．

整関数のことは，これぐらいにして，分数関数に移る．

§5 1次の分数関数

ふつう1次の分数関数と呼んでいるのは，分母が1次式で，分子は高々1次式のもの，すなわち

$$f(x)=\frac{ax+b}{cx+d} \qquad (ad-bc\neq 0, c\neq 0)$$

のことである．但しがきの $ad-bc\neq 0$ は，約分されて $f(x)$ が定値関数になる場合を除くためのものである．

この関数は，分子を分母で割ることによって変形し

$$f(x)=q+\frac{k}{x-p} \qquad (k\neq 0) \qquad ①$$

の形にかえることができる．したがって，この形の式で，変化やグラフを考えることが多い．

定義域は p を除く実数全体 $\boldsymbol{R}-\{p\}$ である．値域は

$$y=q+\frac{k}{x-p}$$

を x についての方程式とみて，解いてみることによって知らされる．

$$(x-p)(y-q)=k$$

$y\neq q$ ならば

$$x=p+\frac{k}{y-q}$$

となって，y に対する原像が1つの実数として求まる． したがって値域は，q を除く実数全体 $\boldsymbol{R}-\{q\}$ である．

なお原像はつねに1つの実数であったから，この関数は全射でかつ単射でもある．

まとめると，①は

$\boldsymbol{R}-\{p\}$ から $\boldsymbol{R}-\{q\}$ への全射かつ単射の関数

である．

× ×

①のような簡単な関数の増減をみるにも，グラフをかいてみないと見当のつかない学生が多い．しかも，そのグラフを平行移動によってかくとは，いかにも回りくどいやり方である．関数の考察が増減を軽視し，グラフをかくことに主力をそそぎ過ぎるためじゃないかと想像したりもする．

この関数では，定数 q は増減区間には関係がないことに気付けば，$\frac{k}{x-p}$ に着目して増減がみられるはず．$k>0$ のときをみると

区間 $x>p$ では，$x-p$ は増加で正，そこで $\frac{k}{x-p}$ は減少

区間 $x<p$ では，$p-x$ は減少で正，そこで $\frac{k}{p-x}$ は増加，そこで $-\frac{k}{p-x}$ すなわち $\frac{k}{x-p}$ は減少

このほかに $x\to p\pm 0$ のときの極限と $x\to\infty$, $x\to -\infty$ のときの極限を考慮すれば増減表は作られよう．

x	$\cdots$	p	$\cdots$
$f(x)$	$q \searrow -\infty$		$+\infty \searrow q$

簡単な関数は，このように式をみて変化のようすを知るようにしておかないと，微分法の応用も内容の抜けた形式的理解に終わるおそれがある．

×　　　　　　　　×

グラフのかき方は，平行移動と関数の合成が考えられる．①を

$$y-q=\frac{k}{x-p}$$

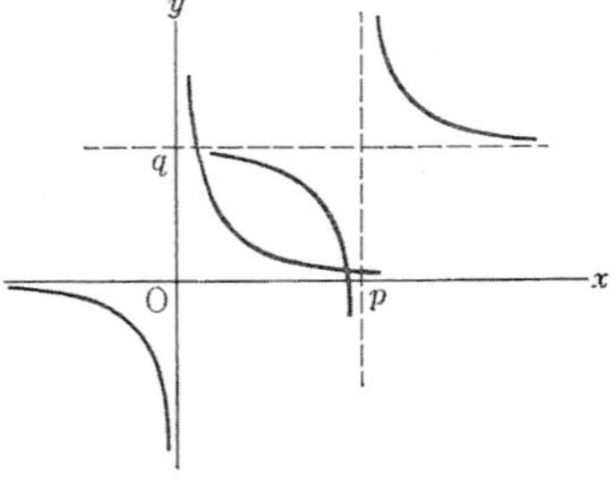

とかきかえるのは，関数から方程式への変身である．この曲線を $y=\dfrac{k}{x}$ の表わす曲線の平行移動とみるのが，高校のテキスト流儀である．

このグラフが双曲線の特殊な場合である直角双曲線であるというようなことは，解析幾何でならともかく関数では，どうでもよいことである．

関数の合成によれば

$$x-p \xrightarrow{f_1} \frac{1}{x-p} \xrightarrow{f_2} \frac{k}{x-p} \xrightarrow{f_3} \frac{k}{x-p}+q$$

y 座標の逆数をとる　　y 座標を p 倍する　　y 座標を q だけのばす

$x-p$ を $f_0(x)$ とおくと

$$f=\boldsymbol{f}_3\boldsymbol{f}_2\boldsymbol{f}_1f_0$$

となる．f_0 はグラフ，f_1, f_2, f_3 はグラフの変換とみて，この順にグラフをかく．

次の図は

$$f(x)=\frac{4}{x-3}+2$$

の場合である．

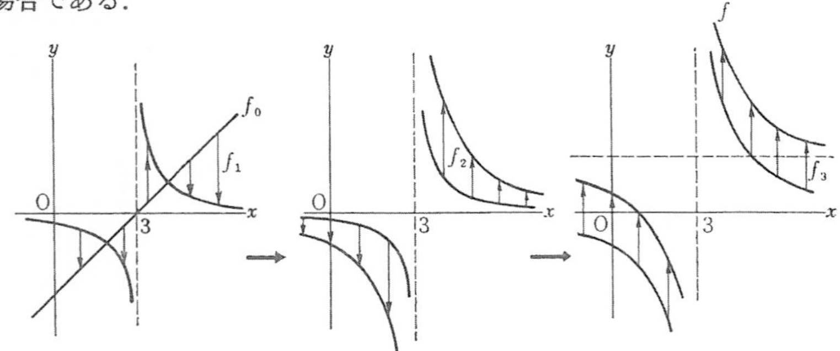

§6 2次の分数関数

ふつう2次の分数関数と呼んでいるのは，分子，分母のうち少なくとも一方は2次で，他は2次以下のもののことである．すなわち

$$f(x)=\frac{ax^2+bx+c}{dx^2+ex+f}$$

ただし，分子と分母に公約数がない場合のみを考える．その条件は簡単でないから省略する．

この分数関数は，代数的取扱いの可能な限界であって，これより次数の高いものは，特殊なものを除いては手が出ない．

この関数の増減は微分法の領域であるが，代数的処理の限界を眺めるつもりで，二，三の解説を試みる．この関数の類型化は，積分法では重要である．

× ×

分子が2次で，分母が1次のときから話をはじめる．

$$f(x)=\frac{ax^2+bx+c}{ex+f} \qquad (e\neq 0) \qquad ①$$

分子を分母で割り整式を分離することによって

$$f(x)=px+q+\frac{r}{x-\alpha} \qquad (pr\neq 0)$$

の形にかえる．これは2つの関数 $f_1(x)=px+q$ と $f_2(x)=\dfrac{r}{x-\alpha}$ の合成とみることによって変化がとらえられる．

グラフのことは読者にまかせ，類型化を考えよう．この関数は p と r の符号によって，変化に大きな差がある．したがって，次の4つに分類される．

しかし，このままでは，種類が多過ぎるから，x,y にそれぞれ1次変換

$$x=mX+n,\quad y=m'Y+n'$$

を試みることによって，単純化したものを類型の代表とみることにしよう．

①にもどり，$ex+f=X$ すなわち $x=\dfrac{1}{e}X-\dfrac{f}{e}$ とおくと，①は

$$y=pX+q+\frac{r}{X} \quad \to \quad y-q=pX+\frac{r}{X}$$

の形にかえられる．これはさらに pr の正，負によって分ける．

$pr>0$ のとき，p,r がともに正ならば

$$\frac{y-q}{\sqrt{pr}}=\sqrt{\frac{p}{r}}x+\sqrt{\frac{r}{p}}\frac{1}{X}$$

したがって，$\dfrac{y-q}{\sqrt{pr}} \to y$，$\sqrt{\dfrac{p}{r}}X \to x$ とおきかえることによって

$$y=x+\frac{1}{x}$$

p,r がともに負のときは，$a=-p', r=-r'$ とおくことによって，同じ結果が導かれる．

$pr<0$ のとき，同様にして

$$y=x-\frac{1}{x}$$

結局，次の2つの代表形に集約された．

$$f_1(x)=x+\frac{1}{x} \qquad f_2(x)=x-\frac{1}{x}$$

$f_2(x)$ は区間 $x<0, x>0$ において単調増加なので，それぞれにおいて逆関数が定義され，この逆関数は重要である．それを求めてみる．

$$y=x-\frac{1}{x} \quad \text{とおくと} \qquad x^2-yx-1=0$$

$x>0$ のときは　　$x=\dfrac{1}{2}(y+\sqrt{1+y^2})$

$x<0$ のときは　　$x=\dfrac{1}{2}(y-\sqrt{1+y^2})$

結局，次の2つの逆関数が得られた．

$$f_2^{-1}(x)=\begin{cases}\dfrac{1}{2}(x+\sqrt{1+x^2}) & \text{値域は正の実数全体 } \boldsymbol{R}^+ \\ \dfrac{1}{2}(x-\sqrt{1+x^2}) & \text{値域は負の実数全体 } \boldsymbol{R}^- \end{cases}$$

×　　　　×

分母が2次のときは，分子を分母で割ることによって定数を分離できるから，類型を知るには，分母が2次で，分子が高々1次のものを取り挙げたので十分である．

$$f(x)=\frac{px+q}{dx^2+ex+f}$$

2次関数の類型化で試みたことに，ならうと，分母は変換 $x \to mx+n$ によって，x^2+1, x^2, x^2-1 のいずれかに分けられた．したがって，この3つの形の場合について検討すれば十分である．これらを $g(x)$ で表わせば

$p=0$ のときは　$y=\dfrac{q}{g(x)}$　　$\therefore$　$\dfrac{y}{q}=\dfrac{1}{g(x)}$

ここで $\dfrac{y}{q} \to y$ と変換することによって，次の3つの代表型が得られる．

$$f_3(x)=\frac{1}{x^2+1} \qquad f_4(x)=\frac{1}{x^2} \qquad f_5(x)=\frac{1}{x^2-1}$$

$p \neq 0$ のとき　$y=\dfrac{px+q}{g(x)}$　　$\therefore$　$\dfrac{y}{p}=\dfrac{x-k}{g(x)}$

ここで変換 $\dfrac{y}{p} \to y$ を試みれば

$$y=\frac{x-k}{g(x)}$$

結局，次の3つの代表型が得られた．

$$f_6(x)=\frac{x-k}{x^2+1} \qquad f_7(x)=\frac{x-k}{x^2} \quad (k \neq 0) \qquad f_8(x)=\frac{x-k}{x^2-1} \quad (k \neq \pm 1)$$

参考のため，これらの型のグラフをあげておく．

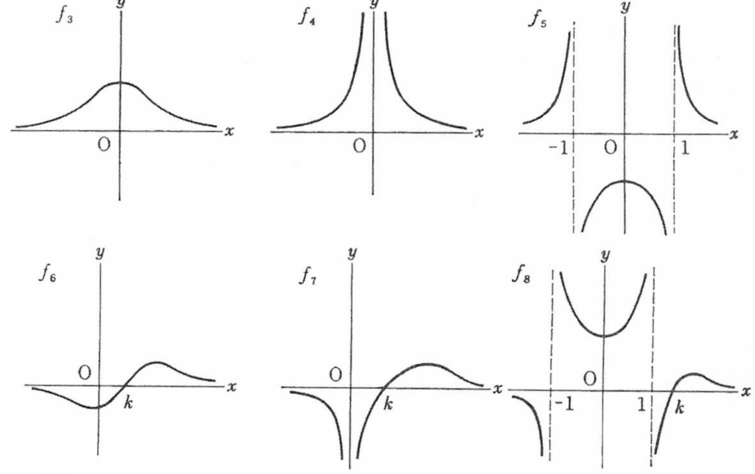

f_6 は k の値に関係なく極値が2つあり，f_7 は k の値に関係なく極値が1つある．ところが f_8 は k の値によっては極値がなく，$|k|$ と1との大小によって2つに分類される．

$|k|>1$ のとき　極値が2つ

$|k|<1$ のとき　極値がない

以上によって，2次の分数関数は10種類に分類された。

f_8　$|k|<1$

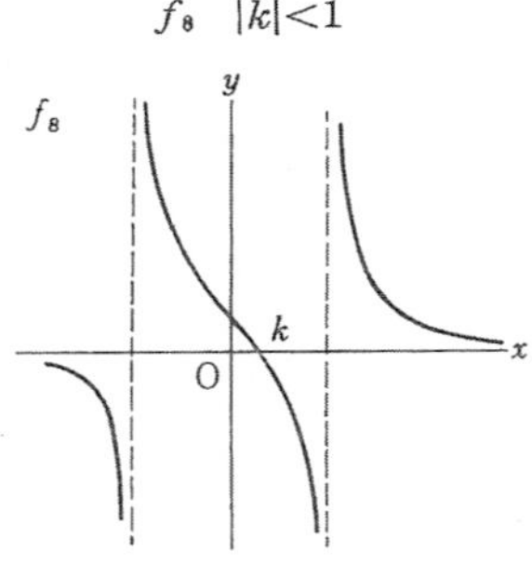

×　　　　　　　　×

2次の分数関数の極値は，変数の置換を試みることによってかきかえれば，2数の相加平均と相乗平均の大小関係を使って求められるが，代表型によっては楽でない。

f_3 と f_5 の極値は式をみただけでわかる．

f_6, f_7, f_8 の極値は，代数的方法としては，判別式が最も簡単であろう．

これを f_6 で試みよう．

$$y=\frac{x-k}{x^2+1} \qquad (x\in \boldsymbol{R}) \qquad ①$$

y の極値は，この関数の値域を明らかにすることによって知られる．値域は y の原像の存在条件，すなわち，与えられた y の実数値に対して①をみたす x の実数値が存在するための条件によって求められる．

① の分母を払い，x について整理すると

$$yx^2-x+(y+k)=0 \qquad ②$$

これを x についての方程式とみたとき，実根をもつための条件は

$y\neq 0$ のとき　$1-4y(y+k)\geqq 0$

$$4y^2+4ky-1\leqq 0$$

$$\frac{-k-\sqrt{k^2+1}}{2}\leqq y\leqq \frac{-k+\sqrt{k^2+1}}{2} \qquad ③$$

$y=0$ のとき　$x=0$，よって $y=0$ は値域に含まれる．

したがって，③ が y の求める範囲，すなわち値域であって，これによって y の最大値と最小値も明らかにされた．

×　　　　　　　　×

実根条件を使えばよい理由を明確に理解せず

$$極値 \ \rightarrow \ 実根 \ \rightarrow \ 判別式$$

と形式的に反応する学生がおる．

一般にDを定義域とする関数の値域Eというのは，yの値全体の集合

$$E=\{y \mid y=f(x), x\in D\}$$

のことである．したがって，ある実数y_0が値域に属するかどうかは，方程式$y_0=f(x)$の根が$x\in D$をみたすかどうかによって見分けられる．

$y_0\in E \Longleftrightarrow y_0=f(x), x\in D$ をみたすxが少なくとも1つ存在

$\Longleftrightarrow y_0=f(x)$ に実根が少なくとも1つ存在しそれはDに属す．

§7 無理関数

無理関数 $f(x)=3+\sqrt{2x-8}$ は，$y=3+\sqrt{2x-8}$ とおいてx,yについての方程式とみれば，移項し，平方すると

$$y-3=\sqrt{2x-8}, \quad (y-3)^2=2x-8$$

$$y^2-6y-2x+17=0 \qquad ①$$

となって，x,yについての整方程式にかわる．

逆に，この方程式はx,yの関係であるから，対応

$$F: x\rightarrow y$$

が考えられる．これは一般の対応だから，xの1つの値に対して，yの値が1つ定まるとは限らない．しかし，定義域を適当に選ぶならば，いくつかの関数に分解される．

たとえば，①をyについて解くと

$$F:\ y=3\pm\sqrt{2(x-4)}$$

となるから，xの1つの値にyの値が高々2つ対応するが

$$f_1:\ y=3+\sqrt{2(x-4)} \qquad (x\geqq 4)$$

$$f_2:\ y=3-\sqrt{2(x-4)} \qquad (x\geqq 4)$$

と分離すれば，2つの関数f_1, f_2が得られる．

これらf_1, f_2を方程式①によって**陰伏的**に定義される関数という．

従来から①を**陰関数**と呼ぶ習慣があるが，この用語は誤解を与えがちであ

る．この用語は，①によって陰伏的に定義される2種の関数

$$x \to y \qquad\qquad y \to x$$

を総称したものととるべきだろう．

一般に，x, y についての整方程式

$$F(x,y)=0$$

は，いくつかの関数 $f_i\colon x \to y$ $(i=1,2,\cdots)$ を定義する．この関数を**代数関数**という．

整関数 $f(x)=x^2-5x+6$ は $y=x^2-5x+6$ とおくと，

$$y-x^2+5x-6=0$$

となるから，代数的関数に属する．

分数関数 $f(x)=\dfrac{2x}{x^2+1}$ も，$y=\dfrac{2x}{x^2+1}$ とおくと

$$x^2y-2x-y=0$$

となって，代数関数であることがわかる．

逆に代数関数は整関数，分数関数，無理関数の3種に限るかという問に答えるのは簡単でない．4次以下の方程式は代数的に解けるが，5次以上の方程式は代数的には解けない．したがって $F(x,y)=0$ は，y について5次以上であると，y を x の無理式で表わすことは一般には不可解である．このことから，代数関数の範囲は意外に広く，整関数，分数関数，無理関数はそのほんの一部分であることがわかる．

×　　　　　　×

高校で代数的に取扱う無理関数は，x, y についての2次方程式

$$ax^2+2hxy+by^2+2gx+2fy+c=0 \qquad ②$$

によって定義されるものの範囲で，それも，すべてにふれるのは無理である．

②は y について整理すると

$$by^2+2(hx+f)y+ax^2+2gx+c=0$$

これを y について解くと

$$y=-hx-f\pm\sqrt{(h^2-ab)x^2+2(hf-bg)x+(f^2-bc)}$$

となって，根号の中が2次で，外が1次の無理関数が2つ定義される．

これを全部取扱うのは無理なので，代数では

$$y=a\pm\sqrt{bx+c} \qquad ③$$

の形のものにふれる程度に高校のテキストが改められた.

×　　　　　　　×

はじめに，③の形の無理関数の変化にふれよう.

この関数は，

$$y=q+\sqrt{a(x-p)}, \quad y=q-\sqrt{a(x-p)}$$

の形にかきかえられる.

従来のテキストは，平行移動が主だから，これをさらに

$$y-q=\sqrt{a(x-p)}, \quad y-q=-\sqrt{a(x-p)}$$

とかきかえ，このグラフは

$$y=\sqrt{ax}, \quad y=-\sqrt{ax} \qquad ④$$

のグラフを平行移動したものとみる.

この流儀であると，基礎の関数として④を明らかにしておかなければならない. ところが，これらの関数はaの符号によってさらに4つに分けられるので，見かけほどはやさしくない.

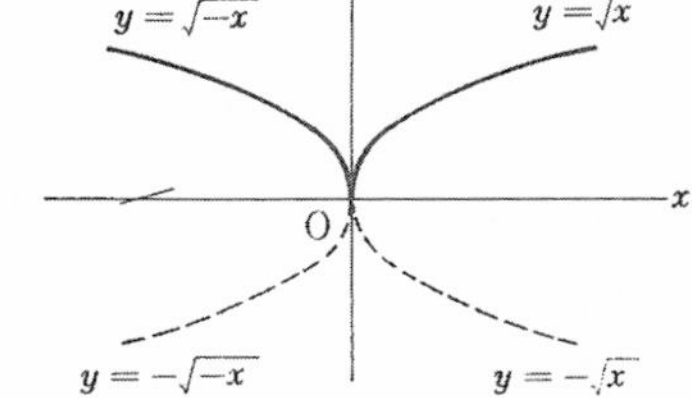

×　　　　　　　×

そこで対策として別の学び方が望まれる.

その1つは関数の合成である. たとえば

$$f(x)=1+2\sqrt{4-x}$$

ならば，次の合成順にグラフをかく.

$$4-x \xrightarrow{f_1} \sqrt{4-x} \xrightarrow{f_2} 2\sqrt{4-x} \xrightarrow{f_3} 1+2\sqrt{4-x}$$

y座標の平方根をとる　y座標を2倍する　y座標を1だけのばす

$f_0(x)=4-x$ とおくと，f は合成によって

$$f=f_3f_2f_1f_0$$

と表わされる.

グラフをかく場合をみると，f_0がグラフで，f_1, f_2, f_3はグラフを変換する操作で，fが目的のグラフである. これに似たことは，2次関数と1次の分数関数でも試みたから，くわしい説明は必要ないだろう.

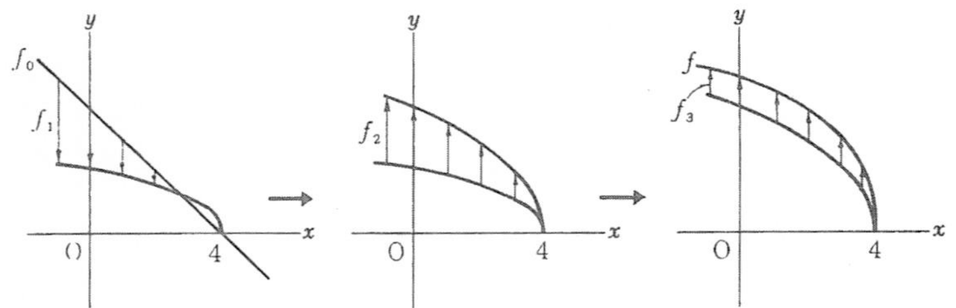

関数の合成も練習するつもりで，ぜひためして頂きたい．

×　　　　　　　　　　×

もう1つの対策は，逆関数の利用である．

$$y=1+2\sqrt{4-x} \qquad (x\leqq 4) \qquad ①$$

かきかえて，値域をそえる．

$$y-1=2\sqrt{4-x} \qquad (y\geqq 1)$$

これは平方した

$$(y-1)^2=4(4-x) \qquad (y\geqq 1) \qquad ②$$

と同値である．かきかえて

$$x=-\frac{1}{4}(y-1)^2+4 \qquad (y\geqq 1)$$

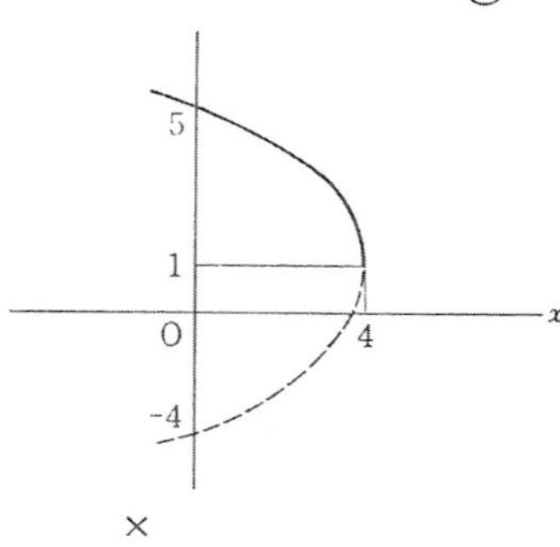

これが，もとの関数の逆関数で，2つの関数のグラフは一致する．

この方法は①と②の同値がもとになっているから，無理方程式の同値についての予備知識がないと無理であろう．

×　　　　　　　　　　×

根号の中が2次式の無理関数としては

$$\sqrt{1-x^2} \qquad \sqrt{1+x^2}$$
$$x+\sqrt{1-x^2} \qquad x+\sqrt{1+x^2}$$

の4つが基本的である．

これらのグラフは，代数方程式にもどしてみれば2次曲線の一部分であり，解析幾何の知識と結びつく．

$$y=\sqrt{1-x^2} \rightleftarrows x^2+y^2=1 \ (y\geqq 0) \quad \text{半円}$$
$$y=\sqrt{1+x^2} \rightleftarrows y^2-x^2=1 \ (y\geqq 0) \quad \text{直角双曲線の半分}$$

$$y=x+\sqrt{1-x^2} \quad \rightleftarrows \quad 2x^2-2xy+y^2=1 \ (y\geqq x) \quad \text{楕円の半分}$$
$$y=x+\sqrt{1+x^2} \quad \rightleftarrows \quad y^2-2xy=1 \ (y\geqq x) \quad (\text{双曲線の半分})$$

$x+\sqrt{1-x^2}$ は x と $\sqrt{1-x^2}$ との結合，$x+\sqrt{1+x^2}$ は x と $\sqrt{1+x^2}$ の結合とみてもグラフの概形はつかめる．

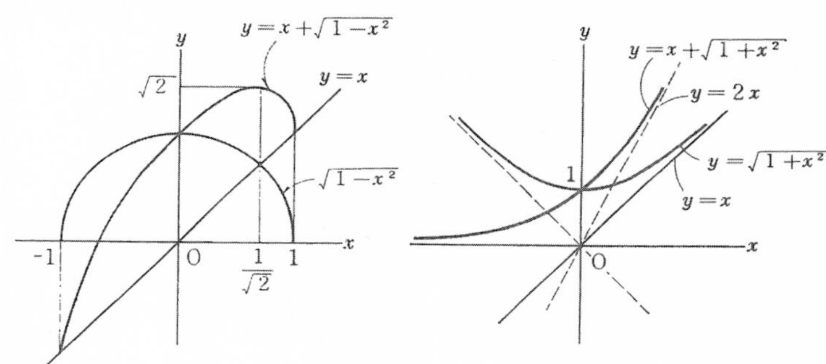

以上のうち

$$f(x)=x+\sqrt{1+x^2}$$

は，逆関数でみると

$$f^{-1}(x)=\frac{1}{2}\left(x+\frac{1}{x}\right) \qquad (x>0)$$

となって，既知の分数関数になることは興味ある事実である．

残りの

$$g(x)=x+\sqrt{1-x^2}$$

には極値があるが，それを代数的に求めるのは容易でなく，代数的方法の限界を思い知らされよう．

区間 $-1\leqq x\leqq 0$ でみると，x と $\sqrt{1-x^2}$ はともに減少だから，その和 $g(x)$ は減少である．

区間 $0\leqq x\leqq 1$ でみると，x は増加であるが $\sqrt{1-x^2}$ は減少だから，その和 $g(x)$ の増減はわからない．技巧的ではあるが，x と $\sqrt{1-x^2}$ は平方の和が一定値1になることに目をつける．

$$(x+\sqrt{1-x^2})^2+(x-\sqrt{1-x^2})^2=2$$
$$g(x)=\sqrt{2-(x-\sqrt{1-x^2})^2}$$

この式から $x=\sqrt{1-x^2}$，すなわち $x=\dfrac{1}{\sqrt{2}}$ のときに $g(x)$ は最大値 $\sqrt{2}$ になることがわかる．

$g(x)$ は極値を知るだけが目的ならば，よく知られているように，三角関数を用いる道がある．

$$g(x)=x+\sqrt{1-x^2} \qquad (-1\leqq x\leqq 1)$$

$x=\cos\theta$ とおく．ただし定義域は $-1\leqq x\leqq 1$ だから，第2の変数 θ は，x の定義域を完全に覆うように定める．たとえば $0\leqq\theta\leqq\pi$ をとれば十分である．この区間で $\sin\theta\geqq 0$ だから

$$\begin{aligned} g(x)&=\cos\theta+\sqrt{\sin^2\theta}=\cos\theta+\sin\theta \\ &=\sqrt{2}\sin\left(\theta+\frac{\pi}{4}\right) \\ &=\sqrt{2}\sin t \qquad \left(\frac{\pi}{4}\leqq t\leqq\frac{5\pi}{4}\right) \end{aligned}$$

$t=\dfrac{\pi}{2}$，すなわち $x=\cos\dfrac{\pi}{4}=\dfrac{1}{\sqrt{2}}$ のとき $g(x)$ は最大値 $\sqrt{2}$ をとる．

× ×

最後に原像の存在条件によって値域の境界として極値を決定する方法を振り返ってみよう．y の原像 x が存在する条件は，

$$y=x+\sqrt{1-x^2} \qquad ①$$

を x についての方程式とみたとき

（i） 実根をもつ

（ii） その実根は定義域 $D=\{x \mid -1\leqq x\leqq 1\}$ に属す．

の2つであった．

①を有理化して　　$2x^2-2yx+y^2-1=0$　　②

まず（i）を用いると　　$y^2-2(y^2-1)\geqq 0$

$$-\sqrt{2}\leqq y\leqq\sqrt{2}$$

この不等式の表わす区間を E' とおく．まだ（ii）を用いてないから，値域 E は E' に一致するかどうか不明．しかし，$E\subseteqq E'$ はいえる．

したがって，もし $y=\sqrt{2}$ に対応する x の少なくとも1つの値が（ii）をみたせば，$\sqrt{2}$ は E に属し，E の最大値になる．

$y=\sqrt{2}$ のとき②から $x=\dfrac{1}{\sqrt{2}}$ で，これは D に属する．したがって $y=\sqrt{2}$ は E の最大値である．

練習問題 2

問題

1．次の関数の最小値または最大値を求めよ．

$f(x)=(x^2-2x)^2+4(x^2-2x)+5$

2．次の関数の増加区間，減少区間，および値域を求めよ．

$f(x)=x-\sqrt{x}\quad(x\geqq 0)$

3．次の関数が正値関数となるための条件を求めよ．

$f(x)=x^4-(a^2-2)x^2+1$

4．次の分数関数の値域を求めよ．

(1) $\dfrac{x-k}{x^2}\quad(k>0)$

(2) $\dfrac{x-k}{x^2-1}\quad(k\neq\pm 1)$

5．次の関数は増加関数であることを明らかにせよ．

$f(x)=x+\sqrt{x^2+1}\quad(x\in\boldsymbol{R})$

6．半径 a の円形の厚紙の2本の半径にそって切り込んで扇形を切りとり，この扇形から直円錐面をつくる．この直円錐の体積が最大になるためには，扇形の中心角をいくらにすればよいか．（関西学院大）

ヒントと略解

1．$x^2-2x=t$ とおけば $f(x)=t^2+4t+5$ ただし $t\geqq -1$ であることに注意せよ．
$\min f(x)=2$，$\max f(x)$ はない．

2．$\sqrt{x}=t$ とおくと $f(x)=t^2-t\ (t\geqq 0)$ 増加区間は $t\geqq\dfrac{1}{2}$ から $x\geqq\dfrac{1}{4}$，減少区間は $0\leqq t\leqq\dfrac{1}{2}$ から $0\leqq x\leqq\dfrac{1}{4}$，値域 $f(x)\geqq -\dfrac{1}{4}$

3．$x^2=t$ とおいて，$f(x)=t^2-(a^2-1)t+1\ (t\geqq 0)$ の最小値が正の条件を用いる．あるいは $f(x)=(x^2-ax+1)(x^2+ax+1)$ と分解する．
答は $-2\leqq a\leqq 2$

4．(1) $y=\dfrac{x-k}{x^2}$ から $yx^2-x+k=0$，$y=0$ のとき $x=k$，0は値域に属す．
$y\neq 0$ のとき $D=1-4ky\geqq 0$ から $y\leqq\dfrac{1}{4k}$

(2) $\dfrac{x-k}{x^2-1}=y$ から $yx^2-x+k-y=0$，$y=0$ は値域に属す．$y\neq 0$ のとき $D=1-4y(k-y)\geqq 0$
$4y^2-4ky+1\geqq 0$，$k^2<1$ のとき値域は $\boldsymbol{R}$，
$k^2>1$ のとき $y\geqq\dfrac{k+\sqrt{k^2-1}}{2}$，$y\leqq\dfrac{k-\sqrt{k^2-1}}{2}$

5．$x\geqq 0$ のときは明らか．$x<0$ のときは $f(x)=\dfrac{1}{\sqrt{x^2+1}-x}$，分子は減少で，正だから $f(x)$ は増加

6．半径を a，切りとる扇形の中心角を θ とすると弧の長さ $l=a\theta$，直円錐の底面の半径は $r=\dfrac{a\theta}{2\pi}$，
高さは $h=\sqrt{a^2-\left(\dfrac{a\theta}{2\pi}\right)^2}=\dfrac{a}{2\pi}\sqrt{4\pi^2-\theta}$
$V=\dfrac{\pi}{3}\pi r^2h=\dfrac{a^3}{24\pi^2}\theta^2\sqrt{4\pi^2-\theta^2}$，$\theta^2=x$，$4\pi^2=k$ とおくと $f(x)=x\sqrt{k-x}$ の最大値を求めることに帰着した．
$f(x)=\sqrt{x^2(k-x)}$，$x^2(k-x)$ の最大値の求め方は3次関数であきらかにした．答 $\dfrac{2\sqrt{6}}{3}\pi$

第3章　2変数関数

はじめに　多変数のうちもっとも簡単な2変数の場合を主として取扱うが，原理は変数がいくつであっても大差ないから，これによって3変数の場合は予想できるものと思う．

2変数 x,y の関数は，y を固定し x だけを変化させれば1変数の関数になり，いままでの理論がそのままあてはまる．

たとえば $f(x,y)$ の最大値を求めるのであったら，y を固定し，x を変化させたときの最大値を求める．その最大値は y の関数だから，ここで y を変化させることによって $g(y)$ の最大値が求まり，それは $f(x,y)$ の最大値そのものである．

このように，手数が2倍になる．微分法を用いても同様であるが，このほうには偏微分法という理論があって，もっと手際よく処理されるが，高校数学の範囲外である．

2変数関数の代数的処理にも限界があり，2次の場合に主眼を置かざるを得ない．

しかし，1次の場合

$$f(x,y)=ax+by+c$$

は特殊で，変数がいくつであっても，一般的に処理する方法が確立しておる．線形計画法と呼ばれている数学の領域がこれである．

2変数の1次の関数の極値を求める場合に，高校ではふつう切片を利用する方式による．この方式は初歩的で，簡単ではあるが，一般の多変数の場合へ拡張の困難なのが欠点である．

それで，ここでは，できるだけ一般的に取扱い，多変数の場合の拡張の道を閉ざさないようにくふうしてみた．

2変数関数 $f(x,y)$ の定義域は，一般には平面の一部分，いわゆる領域である．高校では円 E の点集合のように，平面的広がりのないものは領域と呼ばないのが習慣らしいが，ここでは，一般に平面上の点集合の部分集合を領域と呼ぶことにした．数学の用語は，できるだけ一般的に用いるほうが都合よいのである．

§1 平面上の凸集合

直線上のすべての点には，実数が1対1に対応するので，この点集合を$\boldsymbol{R}$で表わすことが広く行なわれている．

平面上の点には座標を用いると，2つの実数の列(x,y)を1対1に対応させることができるので，この点集合は直積を用いて$\boldsymbol{R}\times\boldsymbol{R}$と表わされる．$\boldsymbol{R}\times\boldsymbol{R}$は略して$\boldsymbol{R}^2$で表わすことにする．

直線上の点全体 ……… $\boldsymbol{R}$

平面上の点全体 ……… $\boldsymbol{R}^2$

$\boldsymbol{R}^2$の部分集合を**領域**と呼ぶことにする．

× ×

平面上の領域で重要なものに凸領域がある．

領域D内の任意の2点をA,Bとしたとき，線分AB上のすべての点もまたDに属するとき，このDを**凸領域**または**凸集合**,**凸図形**などという．この定義では，A,BはD内の任意の2点という点が重要である．

したがって，D内のある2点A,Bをとったとき，線分AB上の点のなかに，Dに属さないものが1つでもあれば凸領域でない．

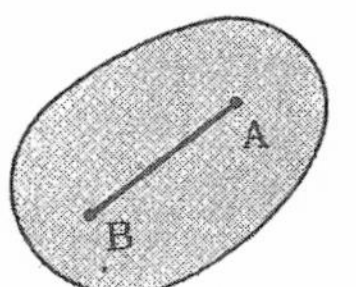

凸領域でない

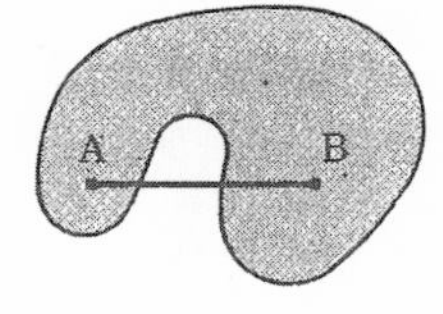

凸領域

平面上に1直線gをひくと，平面からgを除いた部分は2つの領域に分けられる．おのおのの領域に直線gを合わせたものを**半平面**という．半平面にはgを含めないこともあるが，含めておくと一般には都合がよい．

半平面が凸領域であることはパッシュの公理によって保証されるのだが，直観的自明に等しいから，ここでは，これ以上立ち入らない．

半平面が凸領域であることを認めれば，2つの半平面の共通部分である角も凸領域であることが導かれる．ここで角というのは，図形的角のことで，平面の一部分をさし，2辺上の点をすべて含めることにする．

半平面が凸領域であることを認めると，なぜ角も凸領域であるといえるのか．その理由は簡単である．一般に

[1] 2つの領域D_1,D_2が凸領域ならば，$D_1\cap D$も凸領域である．

という定理が成り立つからである.

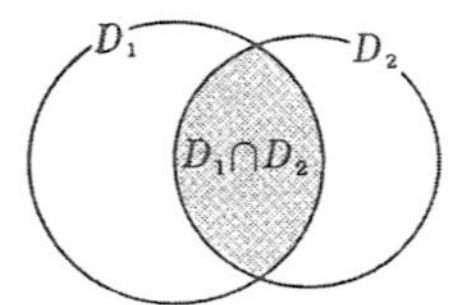

この証明は意外とやさしい.

$D_1 \cap D_2$ に属する任意の2点をA,Bとすると，これらの点は D_1 にも D_2 にも属する.

D_1 は凸だから,A,B が D_1 に属することから

$$線分\ \mathrm{AB} \subseteqq D_1$$

D_2 も凸だから，A,B が D_2 に属することから

$$線分\ \mathrm{AB} \subseteqq D_2$$

したがって

$$線分\ \mathrm{AB} \subseteqq D_1 \cap D_2$$

となって，$D_1 \cap D_2$ は凸であることが明らかにされた.

この定理があるために，基本的図形の凸を明らかにしておけば，それらの共通部分が凸であることが保証される.

たとえば，三角形の内部と周からなる領域は，1つの角と1つの半平面との共通部分であるから凸領域である.

一般に多角形は，すべての角が π 以下ならば凸領域になることが数学帰納法によって証明される.

§2　正領域と負領域

x,y についての関数

$$F(x,y)$$

の値が正になる点 (x,y) の集合を，この関数の**正領域**といい，負になるような点 (x,y) の集合を，この関数の**負領域**という.

一般の関数の正領域,負領域の求め方にはいる前に，$F(x,y)$ がとくに

$$y-f(x)$$

の形をしている場合を明らかにしよう.

これについては，よく知られている次の定理がある.

[2]　$y=f(x)$ が実数全体で定義されている関数のとき

曲線 $y=f(x)$ の上方では　$y>f(x)$　すなわち　$y-f(x)>0$

曲線 $y=f(x)$ の下方では　$y<f(x)$　すなわち　$y-f(x)<0$

この証明はいたってやさしい.

ここで曲線 $y=f(x)$ の上方とは，領域内の点をQとし，Qを通って y 軸に平行にひいた直線が曲線と交わる点をPとしたとき，$\overrightarrow{PQ}$ の向きが y 軸上の単位ベクトル $\overrightarrow{OF}$ の向きと同じなる場合のことである．したがって有向線分の長さPQは正である．

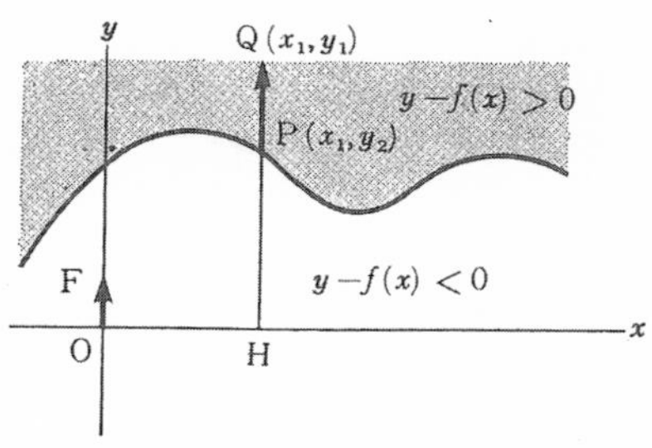

そこで，いま，$Q(x_1, y_1)$，$P(x_1, y_2)$ とおくと

$$PQ=y_1-y_2>0 \qquad \therefore \quad y_1>y_2$$

ところが，Pは曲線 $y=f(x)$ 上にあるから $y_2=f(x_1)$，これを上の式に代入して

$$y_1>f(x_1)$$

曲線 $y=f(x)$ の下方の場合も同様である．

定理 [2] は，x, y をいれかえると，$x-f(y)$ の値の正負と領域との関係にかわる．

[2′]　$x=f(y)$ が実数全体で定義されている関数のとき

曲線 $x=f(y)$ の右方では　$x>f(y)$　すなわち　$x-f(y)>0$

曲線 $x=f(y)$ の左方では　$x<f(y)$　すなわち　$x-f(y)<0$

以上の定理を用いると，x, y の1次関数

$$f(x, y)=ax+by+c, \qquad (a, b)\neq(0, 0)$$

の正領域，負領域が明らかにされる．

たとえば $b\neq0$ のときは

$$bf(x, y)=b^2\left(y+\frac{a}{b}x+\frac{c}{b}\right)$$

この直線の

上方では　$y+\dfrac{a}{b}x+\dfrac{c}{b}>0 \qquad \therefore \quad bf(x, y)>0$

下方では　$y+\dfrac{a}{b}x+\dfrac{c}{b}<0 \qquad \therefore \quad bf(x, y)>0$

そこで，さらに b の正負で分ければ

$b>0$ のとき，上方は正領域，下方は負領域

$b<0$ のとき，上方は負領域，下方は正領域

$b=0$ のときは $a\neq0$ だから，

$$af(x,y)=a^2\left(x+\frac{b}{a}y+\frac{c}{a}\right)$$

として，同様のことを試みればよい．

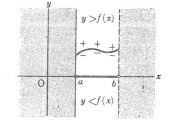

➡注　$y=f(x)$ が R より小さいある区間 A で定義されているような場合には，x 座標が区間に属するような点 (x,y) の存在する領域においてのみ，定理 [2] が適用され，その他の部分には適用されない．たとえば $A=[a,b)$ ならば，図のようになる．

たとえば $y=\sqrt{1-x^2}$ では $-1\leqq x\leqq 1$ だから，領域

$$\{(x,y)\mid -1\leqq x\leqq 1\}$$

に定理をあてはめる．

したがって x^2+y^2-1 の符号と領域との関係をみるのに，$y-\sqrt{1-x^2}$ と $y+\sqrt{1-x^2}$ を用いても，定理 [4] のみでは成功しない．

×　　　　×

ax^2+bx^2-1 のように，$y-f(x)$ の形にも，$x-f(y)$ の形にも変形できないものの正領域や負領域を調べるには別の理論が必要である．

その準備として，たとえば1つの円の内部から成る領域と，交わらない2つの円の内部から成る領域との区別を明らかにしよう．

領域内の任意の2点が，その領域に属する折れ線でつなぐことができるとき，この領域を**単一領域**と呼ぶことにしよう．単一領域は**連結領域**と呼んでもよい．

2点を結ぶのに折れ線を用いるのは，線分という図形は簡単であって定義しやすく，折れ線はそれを連結して作られるからである．折れ線の代りに，曲線を用いると，その曲線自体の正体を明らかにする苦労がつきまとうことになって，ジレンマにおちいる．

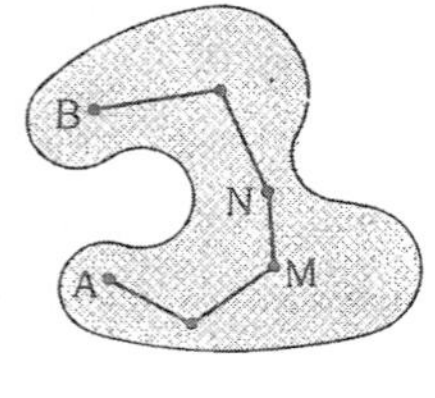

[3]　$F(x,y)$ が x,y についての多項式であって，方程式

$$F(x,y)=0$$

の表わす曲線 g を境とする g を含まない単一領域において，$F(x,y)$ の符号は一定である．

証明は背理法による．単一領域をDとし，D内のある2点A,Bで異符号になったとすると矛盾することをいえばよい．

Dは単一領域だから，A,BをD内にある折れ線でつなぐことができる．この折れ線の頂点はD内にあるから，頂点のところで$F(x,y)$は0になることがない．したがって折れ線の辺の中には，両端で異符号なものがある．もしなかったとしたらA,Bでも同符号になって矛盾する．

そこでいま，折れ線の辺MNの両端で異符号であったとしよう．

$\mathrm{M}(x_1,y_1)$，$\mathrm{N}(x_2,y_2)$とし，辺MN上の点を$\mathrm{P}(x,y)$とすると

$$\begin{cases} x=x_1+(x_2-x_1)t \\ y=y_1+(y_2-y_1)t \end{cases} \qquad (0\leqq t\leqq 1)$$

で表わされる．

$F(x,y)$はx,yについての多項式だから，これに上の式を代入すると，tについての整式が得られる．それを

$$f(t) \qquad (0\leqq t\leqq 1)$$

とおく．tを変数とみると$f(t)$は連続関数で，しかも$f(0)$と$f(1)$は異符号だから，中間値の定理によって

$$f(t')=0, \qquad 0<t'<1$$

をみたすt'が存在する．このt'に対応するPの位置を$\mathrm{P}'(x',y')$とすると，P'においては$F(x,y)$の値は

$$F(x',y')=f(t')=0$$

となり，P'は曲線$F(x,y)=0$上にある．これは仮定に矛盾するから，D内のいかなる2点でも異符号になることがない．

× ×

この定理は重宝である．ある領域Dにおける$F(x,y)$の符号を知りたいときは，D内の適当な点の座標を代入し，そのときの値の符号をみればよい．

たとえば，楕円

$$\frac{x^2}{a^2}+\frac{y^2}{b^2}=1$$

の内部，すなわち原点を含む領域における

$$F(x,y)=\frac{x^2}{a^2}+\frac{y^2}{b^2}-1$$

の符号をみるには，原点の座標 $(0,0)$ を代入してみればよい．

$$F(0,0)=-1<0$$

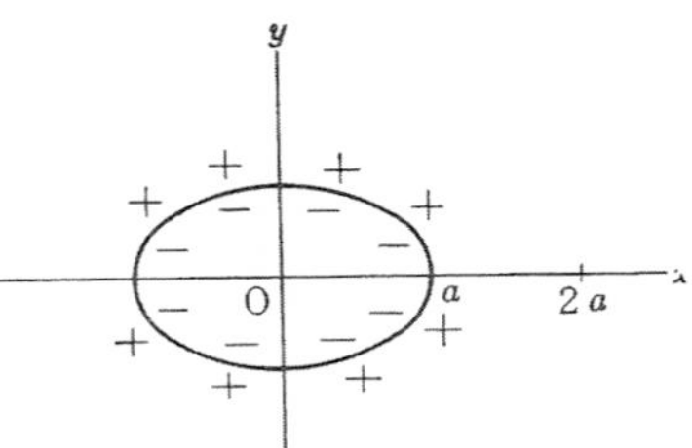

楕円の内部は $F(x,y)$ の負領域である．

楕円の外部のときは，たとえば $(2a,0)$ を代入すると

$$F(2a,0)=3>0$$

となるから，$F(x,y)$ の正領域である．

同様のことを，双曲線

$$\frac{x^2}{a^2}-\frac{y^2}{b^2}=1 \qquad (a>b>0)$$

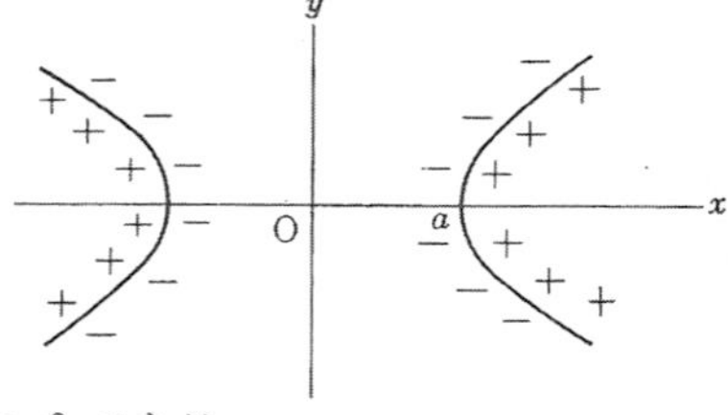

に試みると，原点のある単一領域では

$$F(x,y)=\frac{x^2}{a^2}-\frac{y^2}{b^2}-1<0$$

残りの2つの単一領域では，ともに $F(x,y)>0$ である．

×　　　　×

$F(x,y)$ が因数分解されて

$$g(x,y)h(x,y)$$

となる場合には，$g(x,y)$ と $h(x,y)$ の符号から $F(x,y)$ の符号を決定することもできる．たとえば

$$g(x,y)\cdot h(x,y)>0 \qquad ①$$

は

$$\begin{cases}g(x,y)>0\\h(x,y)>0\end{cases} \qquad \begin{cases}g(x,y)<0\\h(x,y)<0\end{cases}$$

と同値であるから，$g(x,y)$ の正領域を G^+，負領域を G^-，$h(x,y)$ の正領域を H^+，負領域を H^- とすると，① の領域は

$$(G^+\cap H^+)\cup(G^-\cap H^-)$$

で表わされる．

たとえば

$$F(x,y)=x^2y^2-x^3-y^3+xy$$

の正領域を求めるものとしよう．因数分解すると

$$F(x,y)=(y-x^2)(x-y^2)$$

したがって，$y-x^2$ と $x-y^2$ の正領域の共通部分と，負領域の共通部分を合わせたものが，求める領域で，図の斜線の部分である．

もちろん，これは，各領域に適当な点をとり，それらの座標を $F(x,y)$ に代入したときの値の符号でみることもできる．

たとえば，図の黒丸の点の座標を代入し，4の領域の符号を調べてみよ．

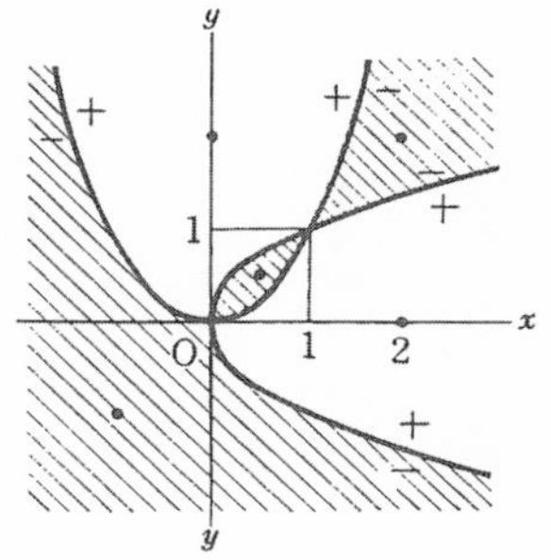

§3　2変数の1次関数の極値

2変数の関数 $F(x,y)$ の定義域は，(x,y) の集合であるから，平面上の領域で図示される．

このうち，とくに，1次関数

$$f(x,y)=ax+by+c \qquad ①$$

が境界を含む凸領域で定義されている場合をみると，極値の起き方は単純である．

たとえば，

$$f(x,y)=3x+4y-9$$

の定義域が図のような凸多角形の内部と周であるとき，この関数の極値を求めるものとしよう．

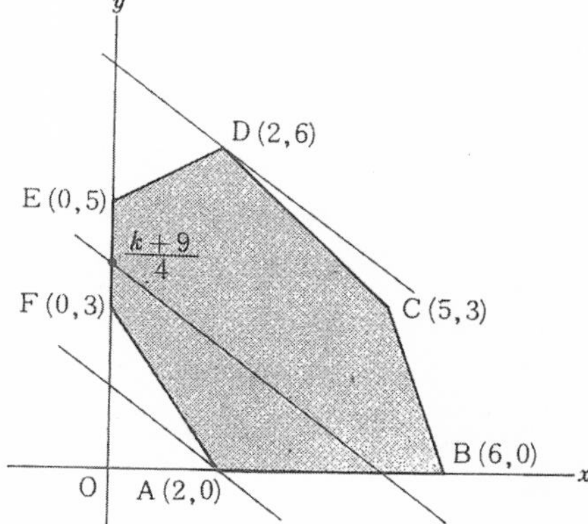

高校でよく試みる方式は

$$3x+4y-9=k$$

とおいて，これを y について解き

$$y=-\frac{3}{4}x+\frac{k+9}{4} \qquad ①$$

とかきかえる．ここで，k の範囲を求めるには，$\frac{k+9}{4}$ の範囲を求めればよいと考える．ところが $\frac{k+9}{4}$ は，直線①の切片だから，切片の範囲を求めればよい．

辺の傾きをくらべて，直線①がAを通るとき切片は最小で，Dを通るとき切片は最大であることがわかるから，A,Dの座標を

$$g(x,y)=y+\frac{3}{4}x=\frac{k+9}{4}$$

に代入して，切片の範囲を求める。

$$g(2,0)\leqq\frac{k+9}{4}\leqq g(2,6)$$

$$\frac{6}{4}\leqq\frac{k+9}{4}\leqq\frac{30}{4}$$

$$-3\leqq k\leqq 21$$

$$\max_{\times} f(x,y)=21,\qquad \min_{\times} f(x,y)=-3$$

もっと，一般性のある方式を明らかにしよう。

それには，一般に1次関数が凸領域で定義されているときは，周上で最大，最小が起きること，さらに特殊化して，凸多角形の領域で定義されているときは，頂点で最大，最小が起きることを明らかにすればよい。

[4] $f(x,y)=ax+by+c$ が閉曲線で囲まれた凸領域（周を含む）D で定義されているときは，その周上で最大，最小が起きる．

一般性のある証明を挙げよう．

D 内の点Pを，1つの弦 P_1P_2 にそうて運動させてみる．

P_1, P_2, P の座標をそれぞれ

$$(x_1,y_1),(x_2,y_2),(x,y)$$

とすると，x,y は実変数 t をパラメーターとして

$$\begin{cases}x=x_1+(x_2-x_1)t\\ y=y_1+(y_2-y_1)t\end{cases}\qquad(0\leqq t\leqq 1)$$

と表わされる．

これを $f(x,y)$ に代入してみると

$$f(x,y)=\{a(x_2-x_1)+b(y_2-y_1)\}t+(ax_1+by_1+c)$$

となって，t についての1次関数になる．

すでに第2章で明らかにしたように，閉区間で定義された1変数の1次関数は区間の端で最大，最小になった．したがって $f(x,y)$ の値は P_1 または P_2 で最大，最小になる．

このことは，任意の弦 P_1P_2 についていえるのだから，$F(x,y)$ は領域 D の周上で最大，最小をとる．

× ×

これを凸多角形の領域にあてはめると，次の定理になる．

[5] $f(x,y)=ax+by+c$ が，凸多角形の領域（周を含む）$A_1A_2\cdots A_n$ で定義されているときは，その頂点で最大，最小が起きる．

すなわち A_i の座標を (x_i,y_i) とすると

$$f(x_1,y_1),\ f(x_2,x_3),\ \cdots,\ f(x_n,y_n)$$

のうち最大のものが，$f(x,y)$ の最大値で，最小のものが $f(x,y)$ の最小値である．

前の定理によって D の周上で最大，最小が起きた．ところが周は折れ線だから，1つの辺上の点でみると，前の定理の証明と同様にして，辺の両端の頂点で最大，最小が起きる．そこで，頂点のどこかで最大，どこかで最小が起きるとの結論に達する．

この定理を p. 127 の例にあてはめると，A,B,…,F における $f(x,y)$ を値を計算し，これらの中から最大のものと最小のものをひろい出せば，最大値と最小値が得られることになる．

$$f(2,0)=-3,\quad f(6,0)=9,\quad f(5,3)=18$$
$$f(2,6)=21,\quad f(0,5)=11,\quad f(0,3)=3$$

そこで

$$\max f(x,y)=\max\{-3,9,18,21,11,3\}=21$$
$$\min f(x,y)=\min\{-3,9,18,21,11,3\}=-3$$

この方式によると，一定のルールに従い，機械的に最大値と最小値が求まる．

× ×

実例を1つ拾ってみる．

例1 $a\geqq b\geqq c\geqq 1$，$a+2b+3c=10$ のとき

(1) a の最小値と，b の最大値を求めよ．

(2) $a-2b+4c$ の最小値を求めよ． （千葉大）

特殊なくふうを排し，オーソドックスな解き方を選んでみる．

a,b,c の間に $c=\dfrac{10-a-2b}{3}$ という関係があるから，c を消去すれば，a,b に関する1次関数 $f_1(a,b)=a$, $f_2(a,b)=b$ および

$$f_3(a,b)=a-2b+\frac{40-4a-8b}{3}=\frac{40-a-14b}{3}$$

の最大,最小を求める問題に帰する.

定義域は $a\geqq b\geqq c\geqq 1$ から c を消去して

$$a\geqq b\geqq\frac{10-a-2b}{3}\geqq 1$$

すなわち

$$\begin{cases}a\geqq b\\ a+5b\geqq 10\\ a+2b\leqq 7\end{cases}$$

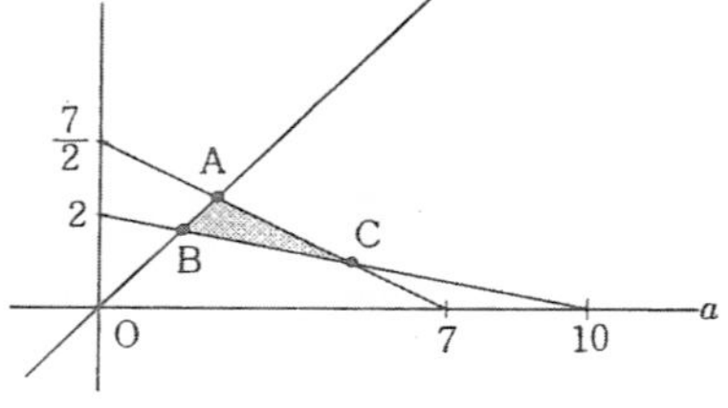

図示すると △ABC の内部または周. ただし

$$\mathrm{A}\left(\frac{7}{3},\frac{7}{3}\right)\qquad \mathrm{B}\left(\frac{5}{3},\frac{5}{3}\right)\qquad \mathrm{C}(5,1)$$

図をみただけ　$\min a=\dfrac{5}{3}$, $\max b=\dfrac{7}{3}$

$f_3(a,b)$ のほうは A,B,C における値を計算すると

$$f_3\left(\frac{7}{3},\frac{7}{3}\right)=\frac{5}{3},\quad f_3\left(\frac{5}{3},\frac{5}{3}\right)=5,\quad f_3(5,1)=7$$

$$\min f_3(a,b)=\min\left\{\frac{5}{3},5,7\right\}=\frac{5}{3}$$

§4　2変数の2次関数の極値

ある領域 D で定義されている x,y についての2次関数

$$f(x,y)=ax^2+2hxy+by^2+2gx+2fy+c$$

の最大値の求め方を考えてみる.

最も一般的なのは，まず y を固定し x を変化させて最大値を求める．この最大値を

$$\max_x f(x,y)$$

で表わす．これは y を含むから，ここで y を変化させたときの最大値

$$\max_y(\max_x f(x,y))$$

を求める．この式を略して

$$\max_y \max_x f(x,y)$$

とかくことに約束する.

最小値を求めるときも，同様であって

$$\min_y \min_x f(x,y)$$

を求めればよい.

なお，x,y のうちどちらを固定するかは自由であって，結果も一致するから

$$\max_x \max_y f(x,y)=\max_x \max_y f(x,y)$$

$$\min_y \min_x f(x,y)=\min_x \min_y f(x,y)$$

が成り立つ.

具体例をあげてみる.

例 1　3つの実数 x,y,z の間に $x+y+z=6$, $z\leqq 1$ という関係があるとき $x^2+y^2+z^2$ の最小値を求めよ.　（新潟大）

変数は3つであるが，簡単に1変数を消去できるから，2変数とみてよい. 何を消去するか. 条件 $z\leqq 1$ の利用から考えて，z は残すのがよいから，x または y を消去する.

$$x=6-y-z$$

$$\begin{aligned}f(y,z)&=x^2+y^2+z^2=(6-y-z)^2+y^2+z^2\\&=2y^2+2(z-6)y+2z^2-12z+36\\&=2\left(y+\frac{z-6}{2}\right)^2+\frac{3z^2-12z+36}{2}\end{aligned}$$

z を固定し y を変化させる. y の変域は実数全体だから

$$\begin{aligned}\min_y f(y,z)&=f\left(\frac{6-z}{2},z\right)\\&=\frac{3z^2-12z+36}{2}=\frac{3}{2}\{(z-2)^2+8\}\end{aligned}$$

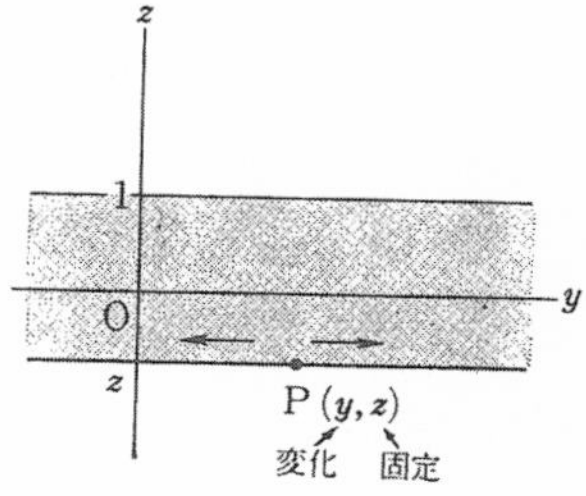

ここで z を変化させる. z の変域は $z\leqq 1$ であることに注意し

$$\min_z \min_y f(y,z)=\min_z f\left(\frac{6-z}{2},z\right)=f\left(\frac{5}{2},1\right)=\frac{27}{2}$$

次に文字係数を含む例を挙げる.

例2 $x \geqq 0,\ y \geqq 0,\ x+y \leqq 1$ の範囲で

$$f(x,y)=xy+ax+y$$

の最大値,最小値を求めよ. ただし a は定数とする. (神奈川大)

定義域 D は図の $\triangle$OAB の内部と周である.

B(0,1)
$1-x$
P (x,y)
O(0,0)
x
A(1,0)

x を固定すると

$$f(x,y)=(x+1)y+ax$$

となって y の1次関数で, $x+1>0$ だから増加で, y の変域は $0 \leqq y \leqq 1-x$, よって

$$\max_y f(x,y)=f(x,1-x)=1-x^2+ax$$

$$\min_y f(x,y)=f(x,0)=ax$$

ここで, x を変化させる.

$$\max_y f(x,y)=f(x,1-x)=-\left(x-\frac{a}{2}\right)^2+\frac{a^2}{4}+1 \qquad (0 \leqq x \leqq 1)$$

$\dfrac{a}{2}$ と1との大小によって, 2つの場合が起きる.

$$\max_x \max_y f(x,y)=\begin{cases} f(1,0)=a & a<0 \\ f\left(\dfrac{a}{2},\dfrac{a}{2}\right)=\dfrac{a^2}{4}+1 & 0 \leqq a \leqq 2 \\ f(0,1)=1 & 2<a \end{cases}$$

$$\min_x \min_y f(x,y)=\begin{cases} f(1,0)=a & a<0 \\ f(0,0)=0 & a \geqq 0 \end{cases}$$

答をまとめると右の表になる.

a	$a<0$	$0 \leqq a \leqq 2$	$2<a$
$\max f(x,y)$	a	$\dfrac{a^2}{4}+1$	1
$\min f(x,y)$	a	0	

× ×

最後に定義域が曲線で与えられた場合をみる. 具体例による.

例3 x,y は実数で, 等式

$$x^2-2xy+2y^2=2$$

をみたしているとき, 次の関数の最大値または最小値を求めよ.

(1) $f(x,y)=2x+3y$

(2) $g(x,y)=x^2-4xy+y^2$

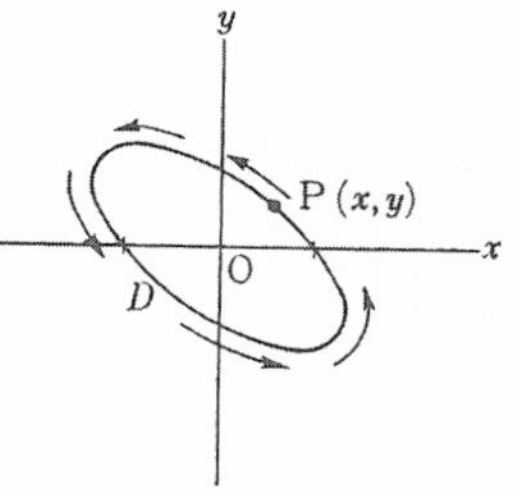

この問題は，x,y のいずれかを消去することができるから，実質は1変数である．しかし，消去の結果は簡単でないから，2次曲線

$$x^2+2xy+2y^2=1 \qquad ①$$

の上の点全体を定義域とする2変数の関数とみるのがよい．

このように定義域 D が曲線のときは，Pを曲線にそうて動かし，曲線全体をつくせばよい．Pを曲線にそうて一定向きに動かすには，パラメーター表示を用い，パラメーターを変化させると簡単である．

①は平方の和の形

$$(x+y)^2+y^2=1$$

にかきかえると，パラメーター表示がたやすく求められる．なぜかというに

$$x+y=\cos t, \qquad y=\sin t$$

とおけるからである．これを x,y について解いた

$$x=\cos t-\sin t, \qquad y=\sin t \qquad ②$$

が求めるパラメーター表示．t は区間 $[0,2\pi)$ で十分であるが，要するにPは曲線全体を尽せばよいのだから，t の区間は $(-\infty,\infty)$ にとっても支障ない．

(1) ②を代入すると

$$f(x,y)=2\cos t+\sin t=\sqrt{5}\sin(t+\alpha) \qquad (\alpha\text{は一定})$$

$$\max f(x,y)=\sqrt{5}, \quad \min f(x,y)=-\sqrt{5}$$

(2) ②を代入して

$$g(x,y)=(\cos t-\sin t)^2-(\cos t-\sin t)\sin t+\sin^2 t$$
$$=\cos^2 t-3\cos t\sin t+3\sin^2 t$$

2倍角に直すと

$$g(x,y)=2-\frac{3\sin 2t+2\cos 2t}{2}$$
$$=2-\frac{\sqrt{13}}{2}\sin(2t+\beta) \qquad (\beta\text{は一定})$$

$$\max g(x,y)=2+\frac{\sqrt{13}}{2}, \qquad \min g(x,y)=2-\frac{\sqrt{13}}{2}$$

§5 多変数関数の極値と不等式

関数の最大値,最小値を求める代数的処理の残された道は不等式の利用である.

実数に関する不等式で，最も基本になるのはコーシーの不等式

$$(a^2+b^2)(x^2+y^2)\geqq(ax+by)^2$$

$$(a^2+b^2+c^2)(x^2+y^2+z^2)\geqq(ax+by+cz)^2 \qquad ①$$

である．この不等式はシュワルツの不等式と呼ぶことも多い．文字は何組の場合へも拡張できるが，さしあたり，上の２つで十分である.

この不等式は，文字が実数という以外になんの制限もないのが特徴で，証明の源は

$$(実数)^2\geqq0$$

につきる.

文字に非負の制限をつければ，別の不等式がいろいろと現われるが，それらのうち代表的なのは相加平均と相乗平均との大小関係である.

$a,b,c\geqq0$ のとき

$$\frac{a+b}{2}\geqq\sqrt{ab}$$

$$\frac{a+b+c}{3}\geqq\sqrt[3]{abc}$$

これも，３文字まであれば十分である.

× ×

例１ ３つの実数 x,y,z の間に $x+y+z=6$ という関係があるとき $x^2+y^2+z^2$ の最小値を求めよ.

これはいままでの方法で解決されるが，ここでは不等式を用いてみる．文字 x,y,z の条件は実数だから，用いる不等式はおのずからコーシーの不等式ということになろう．３組の数として $(1,x),(1,y),(1,z)$ を選ぶと

$$(1^2+1^2+1^2)(x^2+y^2+z^2)\geqq(1\cdot x+1\cdot y+1\cdot z)^2$$

$$3(x^2+y^2+z^2)\geqq6^2$$

$$\therefore\quad x^2+y^2+z^2\geqq12 \qquad ②$$

等号が成り立つことを確認しないことには，$x^2+y^2+z^2$ の最小値が 12 であるとは断定できない．コーシーの不等式 ① の等号が成り立つのは

$$\frac{x}{a}=\frac{y}{b}=\frac{z}{c}$$

のときであったから，これを ② にあてはめると

$$\frac{x}{1}=\frac{y}{1}=\frac{z}{1} \qquad \text{すなわち} \qquad x=y=z=2$$

のとき等号が成り立つ．そこで

$$\min(x^2+y^2+z^2)=12$$

× ×

例2 a,b,c は正の定数で，x,y,z は正の変数で，$x+y+z=k$（一定）のとき

$$f(x,y,z)=\frac{a^2}{x}+\frac{b^2}{y}+\frac{c^2}{z}$$

の最小値を求めよ．

これもコーシーの不等式でズバリ解決される問題である．3組の数として

$$\left(\sqrt{x},\frac{a}{\sqrt{x}}\right) \qquad \left(\sqrt{y},\frac{b}{\sqrt{y}}\right) \qquad \left(\sqrt{z},\frac{c}{\sqrt{z}}\right)$$

を選べば

$$\{(\sqrt{x})^2+(\sqrt{y})^2+(\sqrt{z})^2\}\left\{\left(\frac{a}{\sqrt{x}}\right)^2+\left(\frac{b}{\sqrt{y}}\right)^2+\left(\frac{c}{\sqrt{z}}\right)^2\right\}$$

$$\geqq\left(\sqrt{x}\cdot\frac{a}{\sqrt{x}}+\sqrt{y}\cdot\frac{b}{\sqrt{y}}+\sqrt{z}\cdot\frac{c}{\sqrt{z}}\right)^2$$

$$(x+y+z)\left(\frac{a^2}{x}+\frac{b^2}{y}+\frac{c^2}{z}\right)\geqq(a+b+c)^2$$

仮定により $x+y+z=k$ であるから

$$f(x,y,z)\geqq\frac{(a+b+c)^2}{k}$$

これも等号の成立は吟味を要する．等号は

$$\frac{a^2}{x^2}=\frac{b^2}{y^2}=\frac{c^2}{z^2} \qquad \text{すわなち} \qquad \frac{x}{a}=\frac{y}{b}=\frac{z}{c}$$

のときに成り立ち，このとき

$$\min f(x,y,z)=\frac{(a+b+c)^2}{k}$$

× ×

最大値と最小値を求める例をあげよう．

例3 x,y,z は実数で $x^2+y^2+z^2=k^2$（k は正の定数）のとき

$$f(x,y,z)=xy+yz+zx$$

の範囲を求めよ．

変数の条件が実数全体であることからみて，コーシーの不等式の利用になろう．3組の数として $(x,y),(y,z),(z,x)$ を選ぶと

$$(x^2+y^2+z^2)(y^2+z^2+x^2) \geqq (xy+yz+zx)^2$$
$$k^4 \geqq \{f(x,y,z)\}^2$$
$$-k^2 \leqq f(x,y,z) \leqq k^2$$

等号は $\dfrac{x}{y}=\dfrac{y}{z}=\dfrac{z}{x}$ のとき成り立つ．これを簡単にすると $x=y=z$ となるから，$x=y=z=\pm\dfrac{k}{\sqrt{3}}$，このとき等号は右方のみが成り立つ．よって

$$\max f(x,y,z)=k^2$$

最小値の方は $(x+y+z)^2=k^2+2f(x,y,z) \geqq 0$ から

$$\min f(x,y,z)=-\frac{k^2}{2}$$

× ×

次に相加平均と相乗平均の大小関係を用いる例をあげる．

例4 周が一定値 $2s$ に等しい三角形のうち面積の最大のものを求めよ．

面積 S の公式としてはヘロンの公式を用いる．3辺の長さを x,y,z とすると

$$x+y+z=2s$$
$$S=\sqrt{s(s-x)(s-y)(s-z)}$$

S を最大にするには

$$f(x,y,z)=(s-x)(s-y)(s-z)$$

を最大にすればよい．ところが $s-x$, $s-y$, $s-z$ は正だから，相加平均と相乗平均の大小関係を用いると

$$\frac{(s-x)+(s-y)+(s-z)}{3} \geqq \sqrt[3]{(s-x)(s-y)(s-z)}$$
$$\therefore \quad \frac{s^3}{27} \geqq f(x,y,z)$$

この不等式の等号は

$$s-x=s-y=s-z \quad \text{すなわち} \quad x=y=z=\frac{2s}{3}$$

のとき成り立ち，そのとき $f(x,y,z)$ は最大，したがって S も最大になる．

そこで条件に合うのは正三角形であることがわかった．

練 習 問 題 3

問題

1．次の関数の正領域を求めよ．

(1) $ax+by+c \quad (c>0)$

(2) x^2-y^2+2y-1

(3) $xy-1$

2．楕円

$$ax^2+by^2=1 \quad (a, b>0)$$

の内部および周は凸領域であることを，定義にもとづいて証明せよ．

3．x, y が実数のとき，次の関数の最小値を求めよ．

$$f(x, y)=x^2+2xy+2y^2-2x-4y$$

4．x, y が実数で

$$x^2+xy+y^2=1$$

のとき

$$f(x, y)=x^2-xy+y^2$$

の値域を求めよ．（中央大）

5．表面積の一定な直方体のうち体積の最大なものを求めよ．

ヒントと略解

1．(1) 原点の座標を代入．原点のある領域．

(2) $(x+y-1)(x-y+1)>0$，2直線 $y=-x+1$，$y=x+1$ の一方の下で，他方の上の部分．

(3) 原点のない領域

2．$P_1(x_1, y_1)$，$P_2(x_2, y_2)$ を結ぶ線分上の点を $P(x, y)$ とすると $x=sx_1+tx_2$，$y=sy_1+ty_2$，$(s, t\geqq 0,\ s+t=1)$，$f(x, y)=ax^2+by^2-1$ に代入して

$$f(x, y)\leqq 2st(ax_1x_2+by_1y_2-1)$$

コーシーの不等式から

$$(ax_1^2+by_1^2)(ax_2^2+by_2^2)\geqq(ax_1x_2+by_1y_2)^2$$

$$\therefore\quad -1\leqq ax_1x_2+by_1y_2\leqq 1 \qquad \therefore\quad f(x, y)\leqq 0$$

3．$f(x, y)=(x+y-1)^2+y^2-2y-1$

$$\min_x f(x, y)=y^2-2y-1=(y-1)^2-2$$

$$\min_y \min_x f(x, y)=-2$$

4．$\left(x+\dfrac{y}{2}\right)^2+\dfrac{3}{4}y^2=1,\ x+\dfrac{y}{2}=\cos\theta,\ \dfrac{\sqrt{3}}{2}y=\sin\theta$

とおくと

$$\begin{aligned} f(x, y)&=\frac{7}{3}\sin^2\theta+\cos^2\theta-\frac{4}{\sqrt{3}}\sin\theta\cos\theta \\ &=\frac{5}{3}-\left(\frac{2}{3}\cos 2\theta+\frac{2}{\sqrt{3}}\sin 2\theta\right) \\ &=\frac{5}{3}+\frac{4}{3}\sin(2\theta+\alpha), \end{aligned}$$

α は一定だから $\dfrac{1}{3}\leqq f(x, y)\leqq 3$

5．3辺の長さを x, y, z とすると表面積は

$xy+yz+zx=k^2$（一定）

$$xy+yz+zx\geqq 3\sqrt[3]{x^2y^2z^2},\quad \left(\frac{k^2}{3}\right)^{\frac{3}{2}}\geqq V$$

等号は $xy=yz=zx$ すなわち $x=y=z$ のとき

現代数学と大学入試

イ デ ア ル

数学の中には，一見無縁のようであるが，ある背景に映し出してみると，不思議な関係で結びつけられているものがある．そのようなものに接したとき，われわれはオヤと驚き，数学への限りない興味をおぼえるものである．そのような例として，整数に関する，次の2つの問題を取り挙げてみよう．

―― 例1 ――

ある整数の集まりがある．そのなかには，0と0でない整数が入っているとし，そのなかの任意の2つの数の差がまたその集まりに入っているとする．

このとき，つぎの (1),(2),(3) がなりたつことを示せ．

(1) a がその集まりに入っているときは，$-a$ もその集まりに入っている．

(2) a がその集まりに入っているときは，na（n は任意の正の整数）もその集まりに入っている．

(3) その集まりのなかの数で最小の正の数を d とすると，その集まりのなかの任意の数は d の整数倍である．

（大阪府大）

もう1つの問題は，これと整数の集合が一致することを明らかにするものである．

―― 例2 ――

m,n,p,q が整数値をとって変わるとき，$12m+8n$ の形の整数全部の集合を M とし，$20p+16q$ の形の整数全部の集合を N とする．M と N は一致することを証明せよ．

（神戸大）

さて，2つの問題はどこが似ているだろうか．突然そう問われたのでは無理であろう．第1ヒントを与えよう．

▩ イデアルという概念

例2には2つの集合M, Nがある．これらの集合は，例1の集合の条件をみたすかどうかを検討せよ．

混乱をさけるため，例1の集合をJ，整数全体の集合を慣用にしたがって$\boldsymbol{Z}$とで表わし，Jのみたす条件を列記してみよう．

（i） Jは整数の集合である．すなわち

$$J \subset \boldsymbol{Z} \qquad (J=\boldsymbol{Z}\text{ を許す})$$

（ii） Jには0が入っている．すなわち

$$0 \in J$$

（iii） Jには0でない整数がはいっている．すなわち

$$a \in \boldsymbol{Z}, \quad a \neq 0, \quad a \in J$$

をみたすaが存在する．

（iv） Jの中の任意の2つの数の差がまた，Jに属する．すなわち

$$a \in J,\ b \in J \quad \text{ならば} \quad a-b \in J$$

文章でダラダラと書いてある条件を，このように列記してみることは，推論を厳密に進めるための基盤を適確に把握する手段として欠かせないものである．

× ×

さて，例2の集合M, Nが4条件（i）～（iv）をみたすかどうかをみよう．

Mは，集合の内包的表わし方によると

$$\{x \mid x=12m+8n,\ m \in \boldsymbol{Z},\ n \in \boldsymbol{Z}\}$$

と表わされる．

（i） m, nは整数だから $12m+8n$ も整数であり，Mは整数の集合である．

（ii） $m=n=0$ とすると $x=0$ となるから，Mは0を含む．

（iii） $m=1,\ n=0$ とすると $x=12$ となるから，Mは0でない整数を含んでいる．

（iv） Mの任意の2つの数を

$$a=12m+8n, \qquad b=12m'+8n'$$

とすると

$$a-b=12(m-m')+8(n-n')$$

となるから，$a-b$ もMに属している．

これで，MはJと全く同じ条件をみたすことが明らかにされた．

全く同様にして，NもJと同じ条件をみたすことも明らかにされる．

整数の集合のうち，先の４条件（ⅰ）〜(iv) をみたすものを，整数論では**イデアル**(ideal) というのである．例２の M,N はイデアルである．

×　　　　　　　×

例１はイデアルの性質を証明させる問題である．とにかく，これを証明しておこう．

例１の解

与えられた集合を J としておく．

(1)　仮定(ii) によって，J には０が含まれる．よって０と a が J に属するときは，仮定(iv) によって

$$0-a\in J \qquad \therefore\ -a\in J$$

(2)　a が J に属すれば，(1) によって $-a$ も属する．そこで (iv) によって

$$a-(-a)\in J \qquad \therefore\ 2a\in J$$

さらに

$$2a-(-a)\in J \qquad \therefore\ 3a\in J$$

同様のことを反復することによって，任意の正の整数 n に対して

$$na\in J$$

厳密には，数学的帰納法によるべきであるが，内容が簡単だから，この程度の略式の証明で十分である．

なお，ここで，n が０または負の数であっても na は J に属することを追加しておくと，(3) の証明が楽になる．

$n=0$ のとき　$na=0\in J$

$n<0$ のとき　$-n>0$　だから　$(-n)a\in J$

$$\therefore\ -na\in J \qquad \therefore\ na=-(-na)\in J$$

(3)　最小の正の数の存在をひとこというのがよいだろう．仮定（ii）によって，J は０でない整数を含むから，その１つを a とすると，(1) によって $-a$ も J に含まれた．a と $-a$ の一方は正の数だから，J には正の整数がある．正の整数には最小値があるから，それを d とすればよいわけである．

ここで，あらためて，J の任意の整数を a とし，a は d の倍数であることを示そう．それには，a を d で割ったときの商を q，余りを r として，r が０になることをいえばよい．

$$a=dq+r, \qquad 0\leqq r<d$$

$$\therefore\ r=a-dq$$

この式で $d\in J$ だから，(2) および追加した内容によって $dq\in J$，したがって (iv) に

よって

$$a-dq \in J$$

$$\therefore \quad r \in J$$

もし，$r \neq 0$ とすると，r は正の整数で，しかも d より小さい．これは d が最小の正の整数であるとの仮定に矛盾する．したがって $r=0$，そこで

$$a=dq$$

となって，J の任意の数 a は d の倍数である．

× ×

例1の証明によって，イデアルというのは，ある1つの正の整数の倍数全体であることが明らかにされたわけである．

> $\boldsymbol{Z}$ のイデアル J には最小の正の整数 d があり，J は d の倍数全体の集合と一致する．すなわち
>
> $$J=\{nd \mid d>0,\ n \in \boldsymbol{Z}\}$$

例2の証明

はじめに，イデアルを用いた証明を挙げ，あとで，初等的な別解を追加することにしよう．

例2のイデアルによる証明

すでに，明らかにしたように，例2の2つの集合 M, N はイデアルであった．したがって，最小の正の整数を含み，その倍数になるはずである．さて，その最小の整数はなにか．

$$M=\{x \mid x=12m+8n,\ m, n \in \boldsymbol{Z}\}$$

12と8の最大公約数は4で

$$x=4(3m+2n)$$

とかきかえられることからみて，M は4の倍数の集合である．

そこで，M に4が属することをいえば，M は4の倍数全体の集合になる．

ところで $m=-1$，$n=2$ のとき

$$12m+8n=4(3m+2n)=4$$

となるから，4は M に属する．

これで，M は4の倍数全体の集合と一致することが明らかにされた．

Nでも，20と16の最大公約数は4であることから，上と全く同様にして，Nは4の倍数全体の集合と一致することが導かれる．

したがって

$$M=N$$

×　　　×

例2の初歩的証明

イデアルを用いずに，初歩的方法で証明するには，$M=N$を証明する基本的方法に従い

$$M\subset N, \qquad N\subset M$$

を示せばよい．

$M\subset N$を示すには，Mの任意の数はNに属することを示せばよい．それには，Mの任意の数

$$x=12m+8n \qquad ①$$

が，$20p+16q$の形にかきかえられることを示せばよい．さて，それにはどうすればよいか．12,8が$20p+16q$の形に直せるならば，それを①に代入することによって目的が達せられる．

$20p+16q=4(5p+4q)$であるから，$5p+4q$が3または2になるような整数p,qを求めればよい．

$p=1$，$q=-1$のとき

$$5\cdot1+4\cdot(-1)=1$$

両辺を3倍することによって

$$5\cdot3+4\cdot(-3)=3$$

さらに両辺を4倍して

$$20\cdot3+16\cdot(-3)=12 \qquad ②$$

同様にして

$$20\cdot2+16\cdot(-2)=8 \qquad ③$$

ここで ②$\times m+$③$\times n$ を作ると

$$x=20(3m+2n)+16(-3m-2n)$$

$3m+2n$，$-3m-2n$は整数だから，それぞれp,qとおくと

$$x=20p+16q$$

となるから，xはNに属する．

$$\therefore \quad M\subset N$$

次に$N\subset M$も同様にして証明される．Nの任意の数を

$$y=20p+16q$$

とする．

20 と 16 を $12m+8n$ の形で表わすことを考えよ．

$$12m+8n=4(3m+2n)$$

$m=1$，$n=-1$ のとき

$$3\cdot1+2\cdot(-1)=1$$

両辺を 5 倍して

$$3\cdot5+2\cdot(-5)=5$$

さらに両辺を 4 倍して

$$12\cdot5+8\cdot(-5)=20 \qquad ④$$

同様にして

$$12\cdot4+8\cdot(-4)=16 \qquad ⑤$$

ここで ④$\times p+$⑤$\times q$ を作ると

$$y=12(5p+4q)+8(-5p-4q)$$

$5p+4q$，$-5p-4q$ は整数であるから，それぞれ m,n とおくと

$$y=12m+8n$$

となって，y は M に属する．

$$\therefore\quad N\subset M$$

以上によって

$$N=M$$

が証明された．

■ 1次結合とイデアル

x,y を変数とするとき，この 1 次の同次式

$$ax+by$$

を，x,y の **1 次結合**という．

例 2 のイデアルによる証明は，$ax+by$ の場合へ容易に一般化できる．

すなわち，a,b が与えられた整数で，x,y が任意の整数のとき

$$ax+by$$

の形の整数全体 M はイデアルである．そして，a,b の最大公約数を g とすると，M は g の倍数全体の集合と一致する．

これをさらに，n 個の変数の場合へ一般化すれば，次の定理になる．

$a_1, a_2, \cdots, a_n$ は与えられた整数で，$x_1, x_2, \cdots, x_n$ が任意の整数のとき

$$a_1x_1+a_2x_2+\cdots+a_nx_n$$

の形の整数全体 M はイデアルである．

そして，$a_1, a_2, \cdots, a_n$ の最大公約数を g とすると，M は g の倍数全体の集合と一致する．

この定理から，直ちに $g=1$ のときは，M は1の倍数全体，すなわち整数全体 $\boldsymbol{Z}$ と一致することが導かれる．

たとえば

$$5x+7y \qquad (x, y \in \boldsymbol{Z})$$

では，5と7の最大公約数 g は1であるから，この形の数全体 M は整数全体と一致する．

事実

$$5 \cdot 3+7 \cdot (-2)=1$$

だから，この両辺に n をかけることによって

$$5 \cdot 3n+7(-2n)=n$$

となり，任意の整数 n は M に属する．

▩ イデアルの定義の分析

例1では，イデアル J の定義として，4つの条件を挙げてあった．しかし，これらのうち集合 J が0を含むは必要ない．なぜかというに，J は0でない数を1つ含むから，それを a とすると，(iv)によって

$$a-a \in J$$

$$\therefore \quad 0 \in J$$

となるからである．

したがって，J がイデアルであるための定義は次のように単純化できることがわかる．

$\boldsymbol{Z}$ の部分集合 J が，次の2条件をみたすとき，J を $\boldsymbol{Z}$ のイデアルという．

I_1．J は0でない数を含む．

I_2．J の任意の2数を a, b とすると $a-b$ も J に属する．

このイデアルの定義から，J は次の条件をみたすことが誘導される．

I_3．J の任意の2数を a, b とすると $a+b$ も J に属する．

I_4．J の任意の数を a，n を任意の整数とすると na も J に属する．

さらに

I_5. Jには最小の正の整数がある．それをdとすると，Jはdの倍数全体と一致する．

$\mathrm{I}_1,\mathrm{I}_2$ から $\mathrm{I}_3,\mathrm{I}_4,\mathrm{I}_5$ を導く証明は，いままでの解説と重複するところが多いから，省略する．読者は，ぜひ証明を試みて頂きたい．

× ×

上のイデアルの定義は，減法を用いて述べられている．Jが$\boldsymbol{Z}$のイデアルであるというのは，要するに，$\boldsymbol{Z}$の部分集合で，0以外の数を含み，かつ

加法，　減法，　整数倍

について閉じているもののことであるから，定義の仕方はいろいろ考えられる．

たとえば，加法によって定義するのであったら，次の3条件を用いればよい．

(1)　Jは0でない数を含む．

(2)　Jの任意の2数をa,bとすると，$a+b$ もJに属する．

(3)　Jの任意の数をaとすると，$-a$もJに属する．

この定義のもとで，Jは減法について閉じていることが誘導できる．

練習問題

1.　x,yが任意の整数のとき

$$7x+6y$$

で表わされる整数全体をMとする．Mはすべての整数の集合$\boldsymbol{Z}$と一致することを証明せよ．

2.　x,y,z が任意の整数のとき

$$6x+9y+15z$$

で表わされる整数全体を M とすると，M は 3 の倍数全体の 集合 N と 一致することを証明せよ．

3． a,b が整数で，かつ互いに素であるとき

$$ax+by=1$$

をみたす整数 x,y が存在することを，イデアルを用いて証明せよ．

ヒントと略解

1．$M\subset \boldsymbol{Z}$ はあきらかだから $\boldsymbol{Z}\subset M$ を証明すればよい．$7\cdot(-5)+6\cdot6=1$ であるから，任意の 整数を n とすると $7\cdot(-5n)+6\cdot6n=n$ となって，n は M に属する．よって $\boldsymbol{Z}\subset M$.

イデアルの知識によると，M はイデアルで，7,6 の最大公約数は 1 だから，M は 1 の倍数全体，すなわち整数全体 $\boldsymbol{Z}$ と一致する．

2．$6x+9y+15z=3(2x+3y+5z)$ であるから $M\subset N$ は明らか．$N\subset M$ を証明すればよい．$2\cdot1+3\cdot(-2)+5\cdot1=1$，$N$ の任意の数を $3n$ とすると，この等式から $2\cdot3n+3\cdot(-6n)+5\cdot3n=3n$ となって，$3n$ は M に属するから $N\subset M$，よって $M=N$.

イデアルでみると，M はイデアルで 6,9,15 の最大公約数は 3 だから，3 の倍数全体と一致する．

3． x,y を任意の整数とすると，$ax+by$ の集合 M はイデアルである．a,b は互いに素であるから，a,b の最大公約数は 1 である．したがって M は 1 の倍数全体であるから，M は 1 を含む．したがって 1 は $ax+by$ の形に表わされる．

問題解法における思考転換

変数と定数の主客転倒

変数と任意定数

われわれが等式

$$y-x^2+ax=0 \quad ①$$

に接すれば，x,y についての方程式とみるのがふつうであろう．このことは，くわしくみると，x,y を変数，a を定数と読みとったことになる．変数は x,y,z などの文字で表わし，定数は a,b,c などの文字で表わす習慣が定着しているためである．

このような習慣は，文章表現や解説の簡素化をもたらすので，情報伝達上欠せないことである．しかし，習慣はとかく思考の硬直に結びつくことも事実で，問題解法に当って思わぬ障害につき当たるおそれもある．問題の文章で，x,y が変数，a は定数として述べてあっても，解法にあたって，それを守らねばならないわけではない．問題によっては y と a を変数，x を定数とみると簡単に解けることがある．

×　　　×

論理学では，文字はすべて変項であって，①ならば，x,y,a についての等式とみ，命題関数

$$p(x,y,a)$$

の仲間に包含させる．この論理的立場では，3文字は変項として平等である．

この平等なる文字に，変数,定数の資格を与えることによって区別するのは数学である．

a に定数の資格を与えたとしても，a の値の定め方はある集合内の任意の元でよいのがふつうだから，$\pi=3.14159\cdots$ のように，全く動きのとれない1つの元を表わすわけではない．それで，このような定数を**任意定数**または**パラメーター**ということがある．

任意定数は，その値の選び方は任意であるが，ひと度選んでしまえば，ある目的を達するまでは動かさない．これに対して変数はある目的を達するまでは自由に動くものとみる．こうみると，変数か任意定数かの区別は一時的なもので，宿命的に定まっているものでないことがわかる．

命題関数としては同じであっても，何を変数，何を任意定数とみるかによって，その数学的内容はちがってくる．そのようすを ① でながめてみよう．

× ×

x,y を変数，a を任意定数とみたとすると，① は x,y についての２次方程式で，その表わす図形，すなわちグラフは放物線である．

$$\boldsymbol{y}=\boldsymbol{x}(\boldsymbol{x}-a) \qquad ②$$

a の値を１に定めて x,y を変化させると，１つの放物線ができる．次に a の値を２に定め x,y を変化させると別の放物線ができる．このようにすれば，a のすべての値に放物線が１つずつ対応し，放物線群が得られる．この放物線群が平面の大部分をうめるが，y 軸上のうち原点以外はもれる．

× ×

次に，x,a を変数，y を任意定数とみればどうなるだろうか．

$$\boldsymbol{ax}=\boldsymbol{x}^2-y \qquad ③$$

$y=0$ のときは２直線 $x=0$，$a=-x$ である．

$y\neq0$ のときは $x\neq0$ だから

$$a=x-\frac{y}{x}$$

このグラフは，x と $-\dfrac{y}{x}$ のグラフを別々にかき，これらの y 座標の和を求めるようにすると難なくかける．このグラフは２直線 $x=0$，$a=x$ を漸近線にもつ双曲線である．y の値には双曲線が１つずつ対応する．

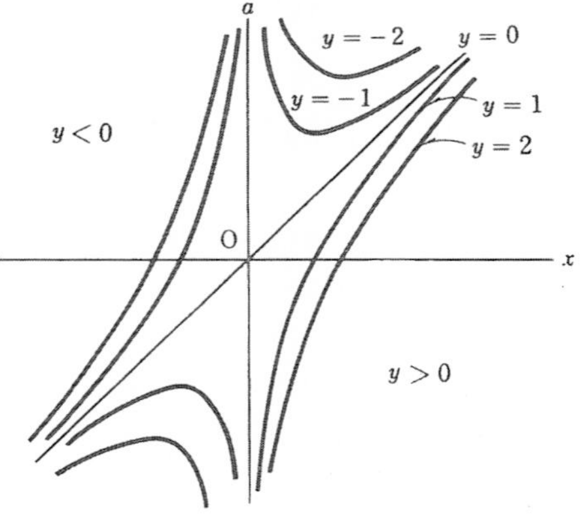

したがって，y のすべての値に対応するグラフの集合は双曲線群（ただし，退化した場合として交わる２直線を含める）である．そしてこの曲線群は平面を完全にうめつくす．

× ×

最後に y,a を変数，x を任意定数とみた場合を調べてみる．

$$\boldsymbol{y}+x\boldsymbol{a}-x^2=0 \qquad ④$$

これは，y,a についての１次方程式であるから，グラフは直線である．x のすべての値に直線が1つずつ対応し，直線群が得られる．

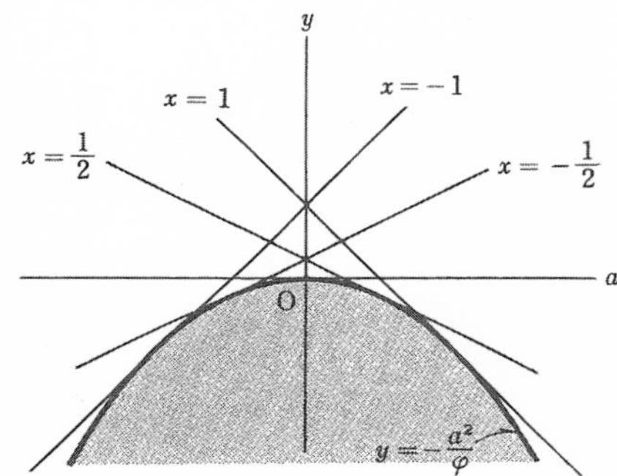

この直線群は平面をうめつくすようにみえるが実際はそうでない．たとえば $a=1$，$y=-1$ とおいてみると

$$-1+x-x^2=0 \qquad x^2-x+1=0$$

となって，これをみたすxの実数値がない．ということは，点$(1,-1)$を通る直線がないこと．一般に点(a,y)に対して，xについての方程式

$$x^2-ax-y=0$$

が実根をもつ条件を求めてみると

$$a^2+4y\geqq 0$$

$$y\geqq -\frac{a^2}{4}$$

となるから，これをみたす領域のみを直線は通り，残りの部分を直線は通らない．

y,a についての連立方程式

$$\begin{cases} y+xa-x^2=0 & ④ \\ 4y+a^2=0 & ⑤ \end{cases}$$

を解いてみると重根をもつから，直線④はすべて放物線⑤に接することがわかる．

➡注　放物線⑤を直線群④の**包絡線**という．一般に任意定数αを含む曲線群 $f(x,y,\alpha)=0$ のすべてに接する曲線が包絡線である．見方をかえれば，αの2つの値 α_1,α_2 に対する曲線 $f(x,y,\alpha_1)=0$，$f(x,y,\alpha_2)=0$ の交点の $\alpha_2\to\alpha_1$ としたときの極限の位置の軌跡である．この方法で④から⑤を導いてみる．この場合の任意定数はxであるから，その2つの値を x_1,x_2 とすると

$$y+x_1a-x_1{}^2=0, \qquad y+x_2a-x_2{}^2=0$$

これを，a,y について解いて

$$a=x_2+x_1, \qquad y=-x_1x_2$$

ここで $x_2\to x_1$ とすると $a=2x_1$，$y=-x_1{}^2$，この2式から x_1 を消去して

$$4y+a^2=0$$

これが④の包絡線で，先に判別式で求めた⑤と一致する．

▩ 変数の主客転倒

何を変数とみるかによって解き方の全く変わる典型的例をあげてみる．

課　題

$0<m<3$ であるすべての m に対して，不等式

$$2x-1>m(x-2)$$

が成り立つようなxの範囲を求めよ．

（岡山大）

不等式を移項してかきかえると

$$(2-m)x-(1-2m)>0$$

となる．そこで，この左辺の式をxの関数とみるか，mの関数とみるか，それとも

x, m の関数とみるかによって解き方の変わることが予想される．

また左辺を y とおけば

$$y=(2-m)x-(1-2m)$$

となって，3文字を含む等式にかわる．したがって，どの2文字を変数，残りを任意定数とみるかによって，3通りの解き方が予想されよう．

客が茶を入れる…主客転倒

文字 x, y, m → 変数 x, y；任意定数 m
→ 変数 y, m；任意定数 x
→ 変数 x, m；任意定数 y

どの場合が簡単かは，経験を積まないと予測できないだろう．いまは，その過程だから，すべての場合を徹底的に検討してみるのがよい．

× ×

x, y を変数，m を任意定数とみたとき

$$y+(m-2)x+(1-2m)=0 \quad ①$$

これは x, y の係数のうち，y の係数は0でないから，グラフはつねに直線である．この直線はつねに定点を通ることに目をつけると書きやすい．m について整理して

$$(x-2)m+(y-2x+1)=0$$

この等式は $x-2=0$，$y-2x+1=0$，すなわち $x=2$，$y=3$ のとき，m のすべての値に対して成り立つ．したがって直線①は m の値に関係なく定点 (2,3) を通る．したがって

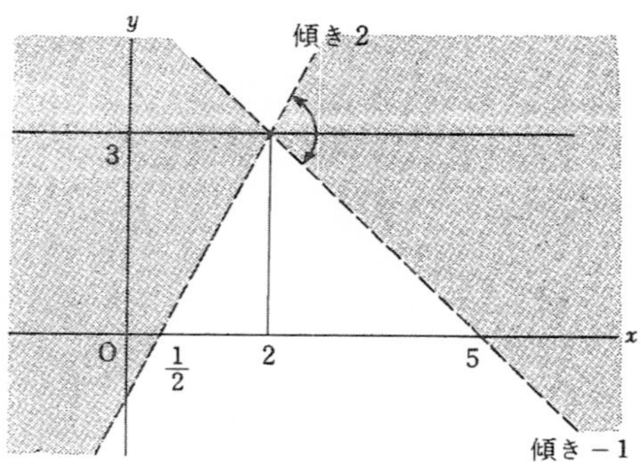

このほかに傾きがわかれば直線群の存在範囲が明らかにされる．①をかきかえて

$$y=(2-m)x-(1-2m)$$

仮定によって $0<m<3$ だから，傾き $2-m$ の範囲は

$$-1<\text{傾き}<2$$

そこで，直線は影をつけた部分（境界を除く）にある．

求める x の範囲は，グラフでみると直線①がすべて x 軸の上方にある部分．それは明らかに

$$\frac{1}{2} \leqq x \leqq 5$$

である．区間の端も条件をみたすことに注意しよう．

× ×

与えられた不等式を移項せずに

$$2x-1>m(x-2)$$

のままでグラフでみる道もある．このときは

$$y_1=2x-1, \qquad y_2=m(x-2)$$

とおいて，$y_1>y_2$ となる x の範囲を求めることになる．グラフをかくのは，この方が楽である．

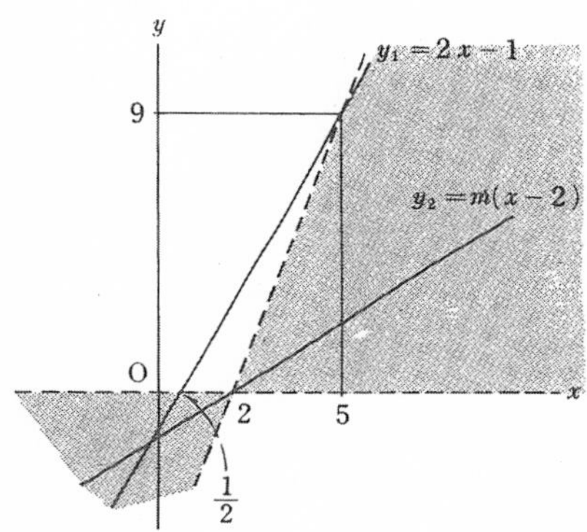

与えられた条件 $0<m<3$ から，直線 $y_2=m(x-2)$ の傾きの範囲がわかり，直線群の存在領域（陰影の部分，境界を含まない）もわかる．$y_1>y_2$ となると x の範囲は明らかに $\frac{1}{2}\leqq x\leqq 5$ である．

×　　　×

y, m を変数，x を任意定数とみたとき

$$y+(x-2)m+(1-2x)=0 \quad ②$$

これは，y, m についての１次方程式であるからグラフはつねに直線である．この直線も，前と同様に定点を通る．その定点を知るには，x について整理し

$$(m-2)x+(y-2m+1)=0$$

これが，x のすべての実数値に対して成り立つための条件 $m-2=0, y-2m+1=0$ すなわち $m=2$，$y=3$ を求めればよい．直線は定点 (2,3) を通る．

$0<m<3$ において，直線が m 軸の上方にあるためには，直線が陰影の部分（境界

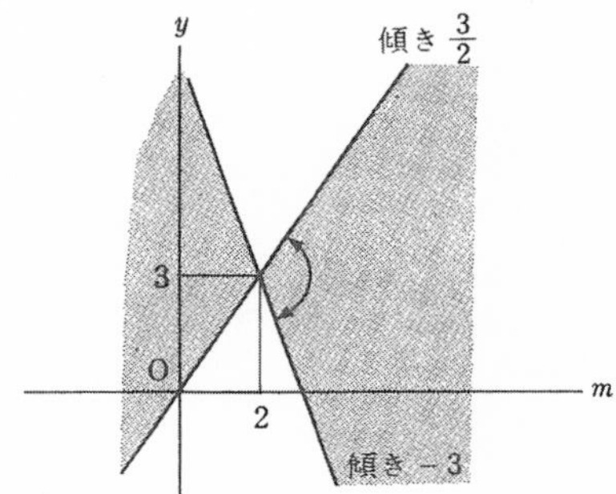

を含む）にあればよい．それは傾きでみると

$$-3\leqq 傾き \leqq\frac{3}{2}$$

ところが，直線の方程式 $y=(2-x)m+2x-1$ の傾きは $2-x$ だから

$$-3\leqq 2-x\leqq\frac{3}{2}$$

これを解いて

$$\frac{1}{2}\leqq x\leqq 5$$

×　　　×

この場合にも，不等式を

$$2m-1>x(m-2)$$

とかきかえて，

$$y_1=2m-1, \quad y_2=x(m-2)$$

とおき，$y_1>y_2$ となる x の範囲を求める

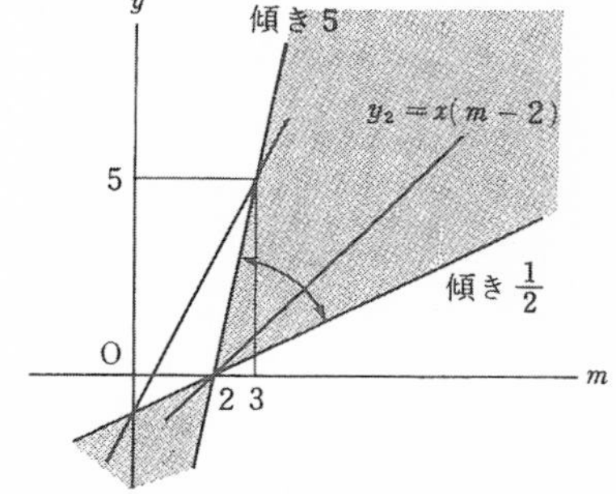

別解が考えられる．

図から直線 $y_2=x(m-2)$ は斜線の部分(境界を含む)にあればよい．すなわち傾き x が

$$\frac{1}{2}\leqq x\leqq 5$$

にあればよい．

⇒**注** $y=(2-x)m+(2x-1)$ は，y を m の1次関数とみることもできるので，1次関数の性質をフルに活用した解き方が考えられる．定義域を添えて

$$y=f(m)=(2-x)m+(2x-1),\quad (0<m<3)$$

$x\neq 2$ のときは y は m の1次関数で
$2>x$ ならば　$f(0)<f(m)<f(3)$
$2<x$ ならば　$f(0)>f(m)>f(3)$
したがって $f(m)>0$ となるためには

$$f(0)\geqq 0 \quad \text{and} \quad f(3)\geqq 0$$

$$2x-1\geqq 0 \quad \text{and} \quad -x+5\geqq 0$$

$$\therefore\ \frac{1}{2}\leqq x\leqq 5,\qquad x\neq 2$$

$x=2$ のときは $f(m)=3$ となって $f(m)>0$ をみたす．まとめて

$$\frac{1}{2}\leqq x\leqq 5$$

×　　　　　×

x, m を変数，y を任意定数とみたとき

$$\boldsymbol{xm-2x-2m+y+1=0} \qquad ③$$

この方程式は x, m についての方程式で，グラフは直角双曲線である．この曲線をかくには③を

$$(x-2)(m-2)=3-y$$

とかきかえてみればよい．m には制限があるから，グラフは $0<m<3$ の範囲をとることに注意しよう．なお，$y=3$ のときは，直角双曲線は退化し，2本の直線 $x=2$，$m=2$ に分解する．

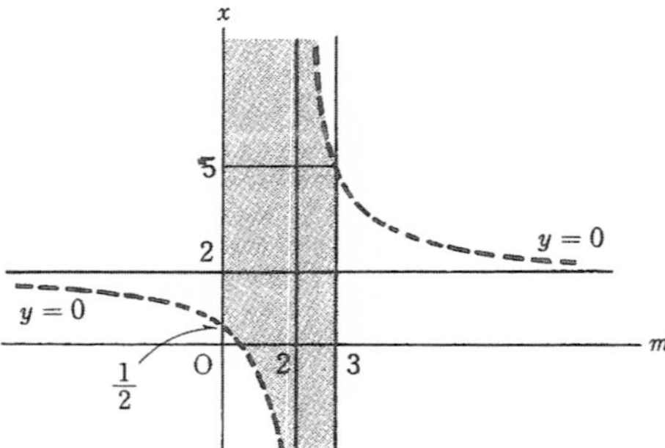

さて，求めるのは，任意定数 y が正であるための条件．$y>0$ ならば $3-y<3$ であるから，グラフは陰影の部分にある．このときの x の範囲は $\frac{1}{2}\leqq x\leqq 5$ である．

とにかく，答が出たが，この場合が一番わかりにくい．

×　　　　　×

このように，文字を3つ以上含む問題は，その中のどの2文字を変数とみ，残りの文字を任意定数とみるかによって，いろいろの解き方が考えられる．しかし，難易は同じでないから，解答としてはなるべく簡単なものを選ぶのが当然である．グラフでみると，直線がいちばん簡単であるから，グラフが直線になるように変数を選ぶ．直線になる場合がないときは円がよい．それもダメならば放物線がよいだろう．とにかく，問題に即して簡単な場合を選ぶ．

変数の選び方によってグラフ群が異なることは数学的内容であるが，何を変数と選ぶかは思考に関することである．創造はつ

きつめれば選択だからである．

与えられた問題がたとえ x,y を変数としてかいてあっても，他の文字を変数とみることによって解決する柔軟な心構えを期待したいものである．この心構えは，要約すれば，変数と任意定数の**主客転倒**である．難問に属するものも，この主客転倒によって易問へ変身することが少なくない．正門からの正攻法が無理なら裏門に回る．古から城を落すには「からめ手」の戦法があったことを想起しよう．

現代数学と大学入試

単調関数と不等式

不等式と関数の性質との関係は深い．たとえば，$f(x)$ が**凸関数**（下に凸の関数）ならば，定義域内の任意の a,b に対して，

$$f\left(\frac{ma+nb}{m+n}\right)<\frac{mf(a)+nf(b)}{m+n} \qquad (m,n>0)$$

が成り立った．もし，$f(x)$ が**凹関数**（下に凹の関数）ならば，この不等号の向きは反対である．

この不等式は凸関数，凹関数の定義にとることもできる．

さて，それでは，関数が単調であるとき，すなわち増加関数か減少関数のいずれかのとき，どんな不等式が成り立つだろうか．

■ 単調関数と不等式

簡単な実例を挙げて話の糸口としよう．

例 1

a,b が正の数のとき，次の不等式を証明せよ。

$$\frac{a}{1+a}+\frac{b}{1+b}>\frac{a+b}{1+a+b}$$

参考書などによく見かける「大小は差の符号でみよ！」といったパターンによるならば

$$P=\frac{a}{1+a}+\frac{b}{1+b}-\frac{a+b}{1+a+b}$$

が正であることを示すことになろう．しかし，その計算は楽でない．簡単にした結果を示せば

$$P=\frac{ab(2+a+b)}{(1+a)(1+b)(1+a+b)}>0$$

これは代数計算一辺倒の解き方である．

×　　　　　　×

では，関数に目をつけたらどうなるか．不等式の中の３つの式の形の類似性から，関数

$$f(x)=\frac{x}{1+x} \qquad (x>0)$$

に目をつけたとしよう．これを

$$f(x)=1-\frac{1}{1+x} \qquad (x>0)$$

とかきかえてみよ．x が正で増加のとき，$1+x$ も増加，したがって $\frac{1}{1+x}$ は減少，$-\frac{1}{1+x}$ は増加だから，$f(x)$ は増加になる．つまり $f(x)$ は $x>0$ では増加関数．

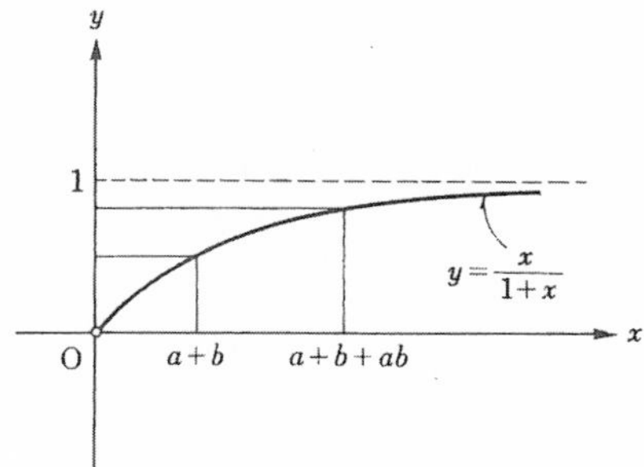

この事実を利用する道はどうか．証明する不等式の左辺を１つの分数式にまとめて

$$左辺=\frac{(a+b+ab)+ab}{1+(a+b+ab)}>\frac{a+b+ab}{1+a+b+ab}$$

ところが，$a+b+ab>a+b$ で，かつ $f(x)$ は増加関数であったから

$$\frac{a+b+ab}{1+(a+b+ab)}>\frac{a+b}{1+a+b}$$

これで目的を達したが，関数の利用としては，なんとなくスッキリしない．もっとエレガントな着想はないものか．

×　　　　　　　　×

もし，関数

$$g(x)=\frac{1}{1+x} \qquad (x>0)$$

に目をつけたらどうなるだろうか．この関数は減少関数である．

$a<a+b$，$b<a+b$ であるから

$$\frac{1}{1+a}>\frac{1}{1+a+b} \qquad ①$$

$$\frac{1}{1+b}>\frac{1}{1+a+b} \qquad ②$$

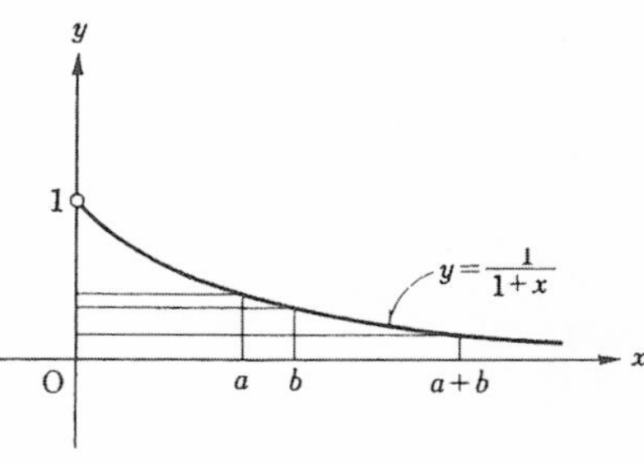

ここで ①$\times a+$②$\times b$ を作る．

$$\frac{a}{1+a}+\frac{b}{1+b}>\frac{a+b}{1+a+b}$$

おや目的の不等式が出た．これこそエレガントな解答と呼ぶにふさわしいもの．解決のカギを一手に握っているのは，関数 $g(x)$ $(x>0)$ が減少関数であるという事実．そこから一般化の道が開ける． $g(x)$ $(x>0)$ が減少関数であるなら，たとえ，どんな関数であっても，同様の不等式が導かれるはず．すなわち a,b を正の数とするとき

$a<a+b$, $b<a+b$ から

$$g(a)>g(a+b) \qquad ③$$

$$g(b)>g(a+b) \qquad ④$$

ここで ③ の両辺に a，④ の両辺に b をかけて加えることによって

$$ag(x)+bg(b)>(a+b)g(a+b)$$

が導かれる．

もし $g(x)$ $(x>0)$ が増加関数なら，不等号は逆になるだけ．

定理 1

関数 $g(x)$ $(x>0)$ があるとき，任意の正の数を a,b とすると

（i） $g(x)$ が減少関数ならば　$ag(a)+bg(b)>(a+b)g(a+b)$

（ii） $g(x)$ が増加関数ならば　$g(a)+bg(b)<(a+b)g(a+b)$

➡**注 1**　上の不等式の誘導過程からわかるように，③,④ にかける数は正の数であるなら何んでもよいのだから，一般には，p,q を正の数とすると

$g(x)$ $(x>0)$ が減少関数のとき　$pg(a)+qg(b)>(p+q)g(a+b)$

$g(x)$ $(x>0)$ が増加関数のとき　$pg(a)+qg(b)<(p+q)g(a+b)$

となる．

➡**注 2**　3 つ以上の正の数への拡張はやさしい．たとえば a,b,c を正の数とすると

$a,b,c<a+b+c$ だから（i）の場合

$$g(a)>g(a+b+c) \qquad g(b)>g(a+b+c) \qquad g(c)>g(a+b+c)$$

順に a,b,c を掛けて加え

$$ag(a)+bg(b)+cg(c)>(a+b+c)g(a+b+c)$$

これは 2 文字の場合の不等式を 2 回用いて導く手もある．

$$ag(a)+bg(b)+cg(c)>(a+b)g(a+b)+cg(c)>(a+b+c)g(a+b+c)$$

▩ 劣加法性について

例 1 の不等式は，関数

$$f(x)=\frac{x}{1+x} \qquad (x>0)$$

を用いて表わせば

$$f(a)+f(b)>f(a+b) \qquad ①$$

この不等式は a,b が0の場合を許せば等号も成り立って

$$f(a)+f(b) \geqq f(a+b) \qquad ②$$

となる.

とくに等号のみ成り立つとき，すなわち

$$f(a)+f(b)=f(a+b) \qquad ③$$

のとき，関数 $f(x)$ は**加法的**であるという．そこで，これにあやかって，①や②が成り立つときは，$f(x)$ は**劣加法的**であると呼ぶことにしよう．さらに，①や②の不等号の向きが逆のときは，$f(x)$ は**優加法的**であると呼ぶことにする.

例1の最後の解答がエレガントになったのは，$f(x)$ を直接用いず，これを x で割った

$$g(x)=\frac{f(x)}{x}$$

を用いたためであった.

よって，定理1は $f(x)$ を用いていいかえれば，次のようになるわけである

定理2

関数 $f(x)$ $(x>0)$ があるとき，任意の正の数を a,b とすると

（i） $\dfrac{f(x)}{x}$ が減少関数ならば　$f(a)+f(b)>f(a+b)$ （劣加法性）

（ii） $\dfrac{f(x)}{x}$ が増加関数ならば　$f(a)+f(b)<f(a+b)$ （優加法性）

みるからに美しく，楽しい定理である．応用は一層楽しいだろう．簡単なものから順に例を挙げてみる.

例2

$a>0$, $b>0$ のとき

$$\sqrt{a}+\sqrt{b}>\sqrt{a+b}$$

を証明せよ.

$f(x)=\sqrt{x}$ $(x>0)$ に関する不等式であるから $g(x)=\dfrac{\sqrt{x}}{x}=\dfrac{1}{\sqrt{x}}$ $(x>0)$ を用いる．この関数はあきらかに減少関数．したがって定理により，与えられた不等式が成り立つ.

実際の入試のときは，教科書にない定理を用いるのは望ましくないから，定理の証明にならって解答をかく.

$a<a+b$, $b<a+b$ だから

$$\frac{1}{\sqrt{a}}>\frac{1}{\sqrt{a+b}} \qquad ①$$

$$\frac{1}{\sqrt{b}}>\frac{1}{\sqrt{a+b}} \qquad ②$$

①$\times a+$②$\times b$ を作って

$$\frac{a}{\sqrt{b}}+\frac{b}{\sqrt{b}}>\frac{a+b}{\sqrt{a+b}}$$

$$\therefore \quad \sqrt{a}+\sqrt{b}>\sqrt{a+b}$$

➡**注**　a,b として0を許すときは，等号も成り立って $\sqrt{a}+\sqrt{b}\geqq\sqrt{a+b}$ となる．

―― 例3 ――

α は実数で，a,b は正の数のとき，次のことを証明せよ．

(1)　$\alpha>1$ ならば　$a^\alpha+b^\alpha<(a+a)^\alpha$　　(2)　$\alpha<1$ ならば　$a^\alpha+b^\alpha>(a+b)^\alpha$

与えられた不等式は，関数 $f(x)=x^\alpha(x>0)$ に関するもの．そこで

$$g(x)=\frac{x^\alpha}{x}=x^{\alpha-1} \qquad (x>0)$$

を用いる．

微分すると $g'(x)=(\alpha-1)x^{\alpha-2}$ となる．

(1)　$\alpha>1$ のとき，$g(x)$ は増加関数であるから，定理2の(ii)によって

$$f(a)+f(b)<f(a+b)$$

$$\therefore \quad a^\alpha+b^\alpha<(a+b)^\alpha$$

(2)　$\alpha<1$ のとき，$g(x)$ は減少関数であるから，定理2の(i)によって

$$f(a)+f(b)>f(a+b)$$

$$\therefore \quad a^\alpha+b^\alpha>(a+b)^\alpha$$

定理2の証明にならって解答をつくることは読者におまかせしよう．

―― 例4 ――

$0<\alpha,\beta,\alpha+\beta<\pi$

$$\sin\alpha+\sin\beta>\sin(\alpha+\beta)$$

を証明せよ．

いろいろの証明がありうる．それは読者の練習へまわし，ここでは，定理と関連づけた証明をのせ，一般化の足がかりとしよう．与えられた不等式は $f(x)=\sin x$ に関するものだから，関数

$$g(x)=\frac{\sin x}{x}$$

に目をつけ，減少関数になるかどうかをみる。

$$g'(x)=\frac{x\cos x-\sin x}{x^2}$$

この符号は見分けにくいからというので，$g''(x)$ を求めると，一層ややこしくなる．このようなときは，分子だけを微分すると計算が楽で，符号も簡単に見分けられることが多い．

$$h(x)=x\cos x-\sin x$$

$$h'(x)=-x\sin x<0,$$

$h(x)$ は減少関数で，しかも $h(0)=0$ だから，$h(x)<0$，したがって $g'(x)<0$ となるから $g(x)$ は減少関数．定理２の（ i ）によって

$$f(\alpha)+f(\beta)>f(\alpha+\beta)$$

$$\therefore\quad \sin\alpha+\sin\beta>\sin(\alpha+\beta)$$

×　　　　　　　　　　×

例４およびその解き方の過程の一般化から次の定理が得られる．

例５

$x>0$ で $f''(x)<0$，$f(0)=0$ ならば，$f(x)$ は劣加法的である．すなわち $a,b>0$ のとき

$$f(a)+f(b)>f(a+b)$$

が成り立つことを証明せよ．

関数として

$$g(x)=\frac{f(x)}{x}$$

を選び，定理２の（ii）の応用をめざす．

$$g'(x)=\frac{xf'(x)-f(x)}{x^2}$$

ここで　$h(x)=xf'(x)-f(x)$　とおくと

$$h'(x)=xf''(x)<0$$

よって $h(x)$ は減少関数で，しかも

$$h(0)=0f'(0)-f(0)=0$$

であるから $h(x)<0$，したがって $g'(x)<0$ となって $g(x)$ も減少関数，定理２の（ i ）によって，与えられた不等式が成り立つ．

▨ 劣加法性から導かれるもの

関数 $f(x)$ が劣加法性

〔1〕　$f(a)+f(b)\geqq f(a+b)$

をみたすとしよう．この不等式のみから何を期待できるか．結論を示してから証明に移る

ことにしよう．

定理 3

$f(x)$ が $f(a)+f(b)\geqq f(a+b)$ をみたせば，次のこともみたす．

（i） $f(0)\geqq 0$

（ii） $f(a)-f(b)\leqq f(a-b)$

証明はやさしいが念のため．

（i）は $a=b=0$ とおいてみよ．

（ii）を証明するには

$$f(a)\leqq f(a-b)+f(b)$$

を証明すればよい．ところが，これは

$$f(a-b+b)\leqq f(a-b)+f(b)$$

とかきかえられから，仮定の劣加法性によって成り立っている． これで（ii）は証明された．

➡**注**　とくに $f(x)$ が偶関数のときは

$$|f(a)-f(b)|\leqq f(a-b)$$

が成り立つ．その証明は練習問題として残しておこう．たとえば絶対値関数 $f(x)=|x|$ は，劣加法性 $|a|+|b|\geqq|a+b|$ をみたし，しかも偶関数だから，

$||a|-|b||\leqq|a-b|$ も成り立つのである．

$f(x)$ が優加法性をみたすときは同様にして

$$f(0)\leqq 0$$

$$f(a)-f(b)\geqq f(a-b)$$

をみたすことを証明できる．

×　　　　×

3数以上への拡張の道も開かれている．

$f(x)$ が〔1〕をみたしたとすると，3数 a,b,c のときは

$$\begin{aligned} f(a)+f(b)+f(c) &> f(a+b)+f(c) \\ &> f(a+b+c) \end{aligned}$$

同様のことを反復することによって

$$f(a_1)+f(a_2)+\cdots+f(a_n)>f(a_1+a_2+\cdots+a_n)$$

優加法性をみたすときも同様である．

―― 例6 ――

a, b が正の数のとき

$$\frac{\sqrt{a}}{1+\sqrt{a}}+\frac{\sqrt{b}}{1+\sqrt{b}}>\frac{\sqrt{a+b}}{1+\sqrt{a+b}}$$

を証明せよ．　(佐賀大)

$f(x)=\dfrac{\sqrt{x}}{1+\sqrt{x}}$ に関する不等式をみれば

$$g(x)=\frac{f(x)}{x}=\frac{1}{\sqrt{x}+x}\qquad(x>0)$$

の利用に帰着する．

これはあきらかに減少関数であるから定理2の(i)によって，与えられた不等式が成り立つ．定理の証明にならって解答を書いてみることをすすめる．

もし $f(x)=\dfrac{x}{1+x}$ に目をつけて，x に $\sqrt{a}, \sqrt{b}$ を代入したものとみたとすると，優加法性によって右辺が

$$f(\sqrt{a}+\sqrt{b})=\frac{\sqrt{a}+\sqrt{b}}{1+\sqrt{a}+\sqrt{b}}$$

とならなければならないから，証明する不等式とは異なる．しかし $f(x)$ は増加関数であることと，$\sqrt{x}$ の劣加法性とを用いるならば，解決の道は残されている．

すなわち　$\sqrt{a}+\sqrt{b}>\sqrt{a+b}$　だから　$\dfrac{\sqrt{a}+\sqrt{b}}{1+\sqrt{a}+\sqrt{b}}>\dfrac{\sqrt{a+b}}{1+\sqrt{a+b}}$

練　習　問　題

1. a, b, c が正の数のとき　$\dfrac{1}{a}+\dfrac{1}{b}+\dfrac{1}{c}>\dfrac{1}{a+b+c}$　を証明せよ．

2. 関数 $f(x)$ $(-\infty<x<\infty)$ が偶関数で，しかも $f(a)+f(b)\geqq f(a+b)$ をみたすとき，次の不等式の成り立つことを証明せよ．

$$|f(a)-f(b)|\leqq f(a-b)$$

3. $ab\neq 0$ のとき　$\dfrac{|a|}{1+|a|}+\dfrac{|b|}{1+|b|}>\dfrac{|a+b|}{1+|a+b|}$ を証明せよ．　(神戸大)

4. $0<\alpha, \beta, \alpha+\beta<\dfrac{\pi}{2}$ のとき，次の不等式を証明せよ．

$$\tan\alpha+\tan\beta<\tan(\alpha+\beta)$$

5. e は自然対数で，かつ，$a, b>1$ のとき，次の2数の大小をくらべよ．

$$e^a+e^b,\qquad e^{a+b}$$

6. $F(x)$ が減少関数のとき

$$\int_0^x F(t)dt=f(x)$$

とおくと $f(x+y)\leqq f(x)+f(y)$ が成り立つことを証明せよ．

ヒント・略解

1. $f(x)=\dfrac{1}{x}$ に関する不等式であるから，$g(x)=\dfrac{f(x)}{x}=\dfrac{1}{x^2}$ $(x>0)$ を用いる．これは減少関数だから，$a,b,c<a+b+c$ を考慮すると $\dfrac{1}{a^2}<\dfrac{1}{(a+b+c)^2}$，$\dfrac{1}{b^2}<\dfrac{1}{(a+b+c)^2}$，$\dfrac{1}{c^2}<\dfrac{1}{(a+b+c)^2}$，順に a,b,c をかけてから加えよ．

2. $f(a)-f(b)\leqq f(a-b)$ は定理によりあきらか．次に $f(b)-f(a)\leqq f(b-a)$，ところが $f(x)$ は偶関数だから $f(b-a)=f(a-b)$ $\therefore\ f(b)-f(a)\leqq f(a-b)$，これと第1式を組合せて $|f(a)-f(b)|\leqq f(a-b)$．

3. $g(x)=\dfrac{x}{1+x}\cdot\dfrac{1}{x}=\dfrac{1}{1+x}$ を用いる．これは減少関数だから

$\dfrac{1}{1+|a|}>\dfrac{1}{1+|a|+|b|}$，$\dfrac{1}{1+|b|}>\dfrac{1}{1+|a|+|b|}$，順に $|a|$，$|b|$ を両辺にかけて加えると $\dfrac{|a|}{1+|a|}+\dfrac{|b|}{1+|b|}>\dfrac{|a|+|b|}{1+|a|+|b|}$，しかるに $|a|+|b|\geqq|a+b|$ で，しかも $\dfrac{x}{1+x}$ は増加関数だから $\dfrac{|a|+|b|}{1+|a|+|b|}\geqq\dfrac{|a+b|}{1+|a+b|}$

4. $g(x)=\dfrac{\tan x}{x}$ とおくと $g'(x)=\dfrac{x\sec^2 x-\tan x}{x^2}$，$h(x)=x\sec^2 x-\tan x$ とおくと $h(0)=0$ で，かつ $h'(x)=2x\tan x\ \sec^2 x>0$ となるから，$h(x)>0$ $\therefore\ g'(x)>0$，よって $g(x)$ は増加関数であるから $\alpha<\alpha+\beta$，$\beta<\alpha+\beta$ を考慮すれば $\dfrac{\tan\alpha}{\alpha}<\dfrac{\tan(\alpha+\beta)}{\alpha+\beta}$，$\dfrac{\tan\beta}{\beta}<\dfrac{\tan(\alpha+\beta)}{\alpha+\beta}$，順に α，β を掛けて加えよ．

5. $g(x)=\dfrac{e^x}{x}$ $(x>1)$ とおくと $g'(x)=\dfrac{(x-1)e^x}{x^2}>0$，よって $g(x)$ は増加関数であるから，$a,b<a+b$ によって $\dfrac{e^a}{a}<\dfrac{e^{a+b}}{a+b}$，$\dfrac{e^b}{b}<\dfrac{e^{a+b}}{a+b}$ 順に a,b をかけて加えれば $e^a+e^b<e^{a+b}$

6. $g(x)=\dfrac{1}{x}\displaystyle\int_0^x F(t)dt$ とおくと $g'(x)=\dfrac{1}{x^2}\left(xF(x)-\displaystyle\int_0^x F(t)dt\right)=\dfrac{1}{x^2}\displaystyle\int_0^x (F(x)-F(t))dt$，$0\leqq t\leqq x$ であるから $F(t)\geqq F(x)$，$\therefore\ g'(x)<0$，$g(x)$ は減少関数であるから，定理2の（ｉ）によって $f(x)+f(y)\geqq f(x+y)$，$x=0$ のときは別に証明せよ．

積分の性質のみを用いた次の別解もある．

$$\int_0^y F(t)dt=\int_x^{x+y}F(t-x)dt\geqq\int_x^{x+y}F(t)dt,\ f(x)+f(y)\geqq\int_0^{x+y}F(t)dt=f(x+y)$$

正多角形の対角線

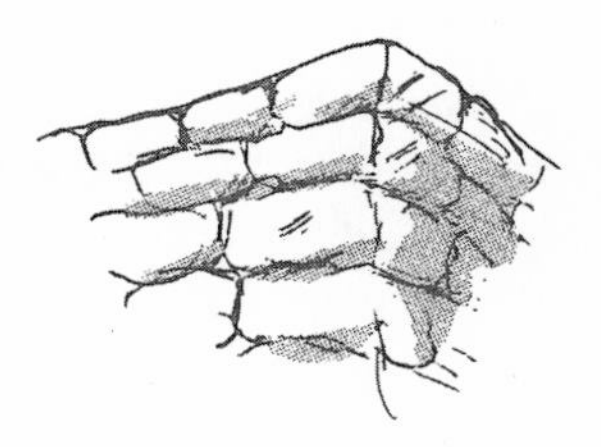

巨象は死なず

「老兵は死なず，消え去るのみ」の名言を残して，この世を静かに去った将軍を思い出す．ユークリッド原本流の幾何の教育的価値は低下したが，ユークリッド空間そのものは，けっして死ぬことがないからである．消え去らんとしてはいるが，大地へ残した大きな足跡は消え去ることがない巨象……ユークリッド幾何を思うとき，こんなイメージが筆者の頭に残る．

高校から初等幾何が姿を消してひさしいが，その応用問題は，いまなお，入試に姿を表わし，受験生をあわてさせる．

指導要領が変わり，初等幾何の公理的取扱いが復活したから，入試にも影響を与えることが予想される．

数学の推論の主流は記号の利用にあるとはいえ，幾何学的直観が無用の長物になることは考えられない．人間に目があり，視覚表象が思考で重要な役割を果している以上は．また記号自身が言語の視覚的側面に依存していることも無視できない．

× ×

今年はむずかしい問題が数題出たが，ここでは正多角形に関する千葉大の問題を話題の中心としよう．

例1

正多角形 ABCD…… において，辺 AB および対角線 AC，AD の間に

$$\frac{1}{AB}=\frac{1}{AC}+\frac{1}{AD}$$

なる関係がなりたつならば，この正多角形は何角形か． (千葉大)

ある本をみたら，分類項目が「三角関数の応用」となっていた．三角関数を用いるかどうかは解く人の着眼によることだから，こういう分類を押しつけるのはどうかと思う．高

校の数学の内容からみて，幾何の問題とみるのが常識であろう．三角関数を用いずに純幾何学的解を紹介した本もある．

初等幾何のくわしい人の話によると，この問題の逆は古くからあったらしいが，この問題は知らないとのこと．筆者も今度はじめてお目にかかった．

とにかく，代表的解き方を２つ挙げるとしよう．

×　　　　×

三角関数を応用した解き方

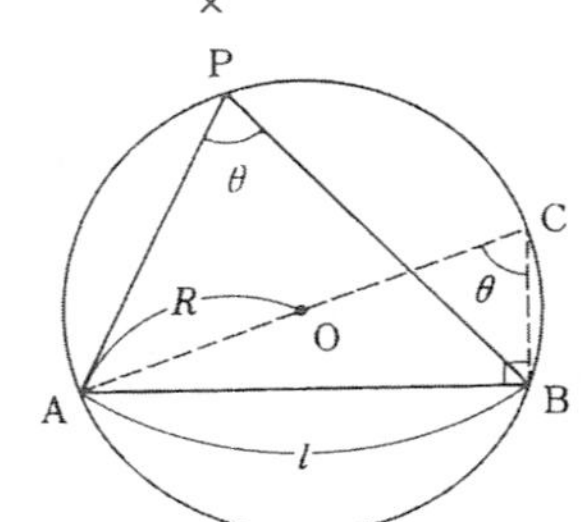

仮定の等式を三角関数で表わすには，円周角とそれに対する弦の長さとの関係を用いるのがオーソドックスな方法といえよう．

円周角をθ，それに対する弦の長さをl，円の半径をRすると，よく知られているように，次の関係がある．

$$l=2R\sin\theta$$

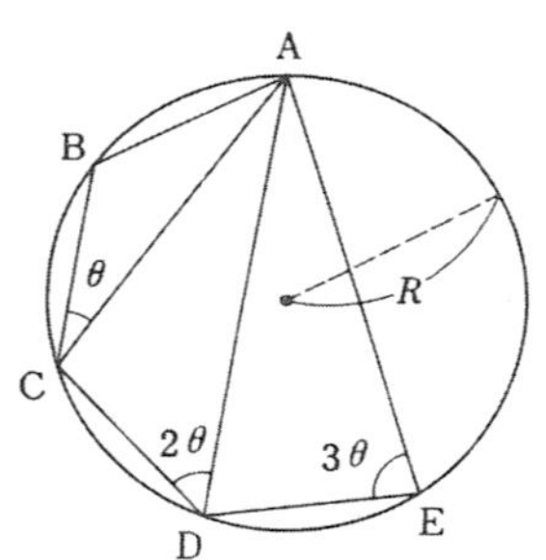

そこで，求める正多角形の１辺ABに対する円周角をθとすれば，AC，ADに対する円周角はそれぞれ2θ，3θになるから，円の半径をRとすると

$$AB=2R\sin\theta,\ AC=2R\sin 2\theta$$
$$AD=2R\sin 3\theta$$

となる．これらを仮定の等式に代入すれば，$2R$は省略されるから

$$\frac{1}{\sin\theta}=\frac{1}{\sin 2\theta}+\frac{1}{\sin 3\theta}$$

分母を払うと

$$\sin 2\theta\ \sin 3\theta=(\sin 2\theta+\sin 3\theta)\sin\theta$$

$\sin 2\theta=2\sin\theta\ \cos\theta$ を用い，両辺を $\sin\theta$ で割ると

$$2\cos\theta\ \sin 3\theta=\sin 2\theta+\sin 3\theta \qquad ①$$

これから先の変形が運命を決定しそうである．そこには代表的な２つの道が通じている．

（ｉ）角θの三角関数で表わす方法

$$2\cos\theta(3\sin\theta-4\sin^3\theta)=2\sin\theta\ \cos\theta+3\sin\theta-4\sin^3\theta$$

両辺を $\sin\theta$ でわると

$$2\cos\theta(3-4\sin^2\theta)=2\cos\theta+3-4\sin^2\theta$$

この式は $\cos\theta$ で表わされるから，$\cos\theta=t$ とおいて簡単にすると

$$8t^3-4t^2-4t+1=0$$

t に ± 1，$\pm\dfrac{1}{2}$，$\pm\dfrac{1}{4}$，$\pm\dfrac{1}{8}$ を代入してみてもみたさないから 有理係数の範囲では 因数分解できず行詰る．

このように，三角関数の方程式は，角を小さくすると次数の高くなるのが特徴．その代り，1つの三角関数で表わされるので，置換によって整方程式にかえられるので，整方程式の解法や理論を応用する道がある．

この問題では，正多角形の辺数を n とすると $\theta=\dfrac{\pi}{n}$ であるから，$\cos\theta$ の値が簡単に求められることを期待するのは無理である．

実際 $\cos\theta$ が簡単に求められるのは，n が 3,4,5,6,8 ぐらいで，あとはちょっと手が出ない．

したがって，$\cos\theta$ の方程式を導くのは，この問題としては適切とはいえない．

（ii） 角を小さくしない方法

この方法では，和を積に，積を和にかえることを適当に用いる．① の右辺の和を積にかえるか，それとも左辺の積を和にかえるか．どちらがよいかは，やってみないことには見当がつかない．考えてる暇に実行すること．

① の右辺を積にかえたとすると

$$2\cos\theta\ \sin 3\theta=2\sin\frac{5\theta}{2}\cos\frac{\theta}{2}$$

この形ではあとがやっかい．方針をかえ ① の左辺を和にかえてみると

$$\sin 4\theta+\sin 2\theta=\sin 2\theta+\sin 3\theta$$

これだと，両辺から $\sin 2\theta$ が消えて前途があかるい．

$$\sin 4\theta=\sin 3\theta$$

$3\theta<\pi$ を考慮して

$$4\theta=\pi-3\theta \qquad \therefore\ \theta=\frac{\pi}{7}$$

これで正多角形は 7 角形であることがあきらかになった．

× ×

純幾何学的な解き方．

やさしい方法がなさそうである．仮定の分母を払うと

$$\mathrm{AC\cdot AD=AB\cdot AC+AB\cdot AD} \qquad ②$$

となって，弦の積に関する式にかわる．このような式に関係の深い定理といえば，円では方べきの定理が代表的で，あとは，やや高級だがトレミーの定理であろう．

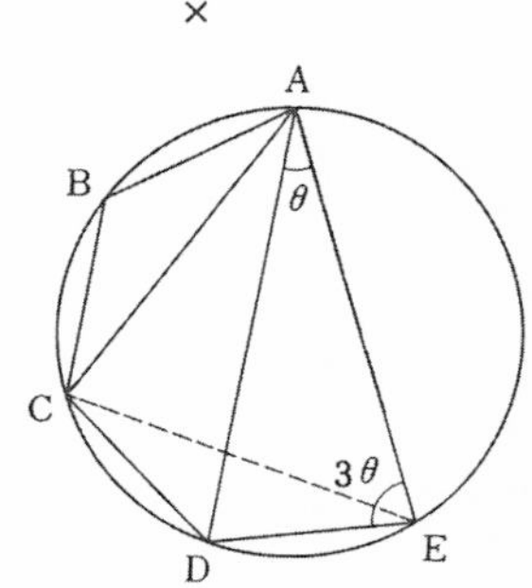

円に内接する四角形 ACDE にトレミーの定理を用いると，

$$\mathrm{CE}\cdot\mathrm{AD}=\mathrm{DE}\cdot\mathrm{AC}+\mathrm{CD}\cdot\mathrm{AE}$$

CE は AC に，DE と CD は AB に等しいから

$$\mathrm{AC}\cdot\mathrm{AD}=\mathrm{AB}\cdot\mathrm{AC}+\mathrm{AB}\cdot\mathrm{AE} \qquad ③$$

ここで②と③をくらべて

$$\mathrm{AD}=\mathrm{AE} \qquad ④$$

これで先が見えた．正多角形の1辺に対する円周角 DAE を θ とおくと，$\angle\mathrm{AED}$ は 3θ に等しいから，④によって $\angle\mathrm{ADE}$ も 3θ に等しい．したがって $\triangle\mathrm{ADE}$ に内角定理を用い

$$7\theta=\pi \qquad \therefore\ \theta=\frac{\pi}{7}$$

× ×

これ以外の純幾何学的解き方はと問われても，ちょっと気付くまい．仮定の式が変わっているために，補助線のひき方で行詰るからである．初等幾何の証明の特徴は，補助線を用いる点にある．解析幾何なら式の変形がものをいうが，初等幾何は，図の直接利用に生命があり，補助線の発見が運命を決することが少なくない．これが初等幾何の欠陥であるが，クイズ的興味の源泉でもある．

■ ある変わった証明

仮定の等式

$$\frac{1}{a}+\frac{1}{b}=\frac{1}{c} \qquad ①$$

の形にもっぱら焦点を合わせて，補助線の引き方をさぐってみよう．クイズ的興味の域を出ないが，幾何の好きな読者もあるらしいから，つれづれなるままに読んで頂けたらと思う．世の中には「無用の用」というものもある．さて，①に関係の強い図には何があるだろうか．①は c を $\dfrac{x}{2}$ でおきかえると

$$\frac{1}{a}+\frac{1}{b}=\frac{2}{x}$$

となって，x は a,b の**調和平均**である．

平均といえば，このほかに**相加平均**と**相乗平均**とがあり，この方が幾何学と縁が深く，種々の定理がある．

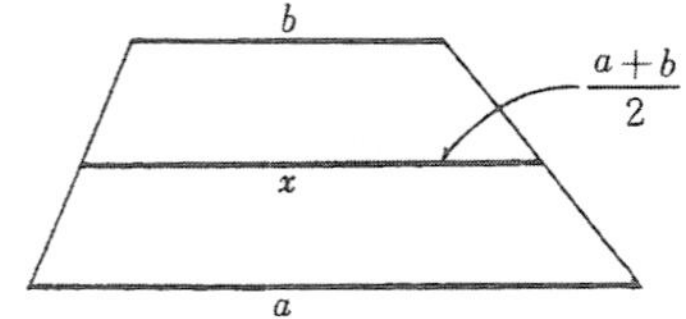

相加平均 $x=\dfrac{a+b}{2}$ は，底が a,b の台形の脚の中点を結ぶ線分によって表わすのが代表的であろう．

相乗平均 $x=\sqrt{ab}$ はいろいろあるが，代表的なのは円の方べきの定理に関するものであ

る．$x^2=ab$ は，次数でみると2次の関係だから，2次方程式，$x^2+y^2=r^2$ で表わされる円と関係が深いのである．

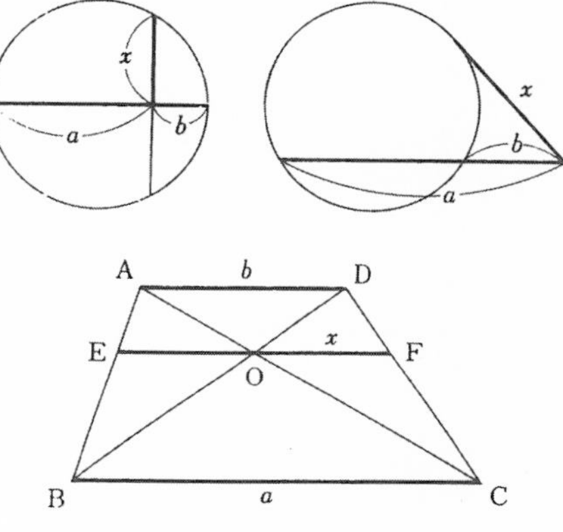

調和平均 $x=\dfrac{2ab}{a+b}$ の幾何学的表現は知らない人が意外と多い．底が a,b の台形で，対角線の交点から底に平行な線をひいてみよ．この長さが，a,b の調和平均になる．

OE∥BC から

$$\frac{\mathrm{BC}}{\mathrm{OE}}=\frac{\mathrm{AC}}{\mathrm{AO}}=1+\frac{\mathrm{OC}}{\mathrm{AO}}=1+\frac{a}{b}=\frac{a+b}{b}$$

$$\therefore\quad \mathrm{OE}=\frac{ab}{a+b}$$

全く同様にして OF も同じ式で表わされるから，x は $\dfrac{2ab}{a+b}$ に等しい．

× ×

上の図で，BO が ∠B を二等分する特殊な場合を考えると，角の二等分線に関する重要な定理が導かれる．△ABD，△EBO はともに二等辺三角形になるから，OE は BE に等

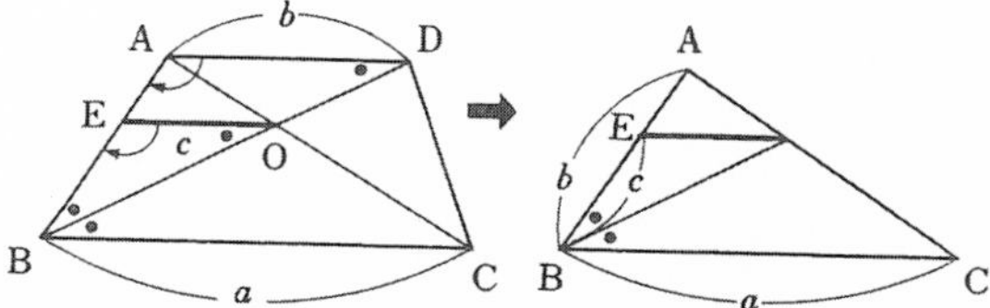

しく，AD は AB に等しい．そこで不要な部分を消し，必要な部分だけを残してみよ．

図の主客をかえるために，符号もかえよう．角 XOY の二等分線上の点 D を通る直線が OX，OY と交わる点をそれぞれ A，B とする．また D から OX，OY に平行線をひいて，平行四辺形 OCDE を作ると，これはひし形になる．

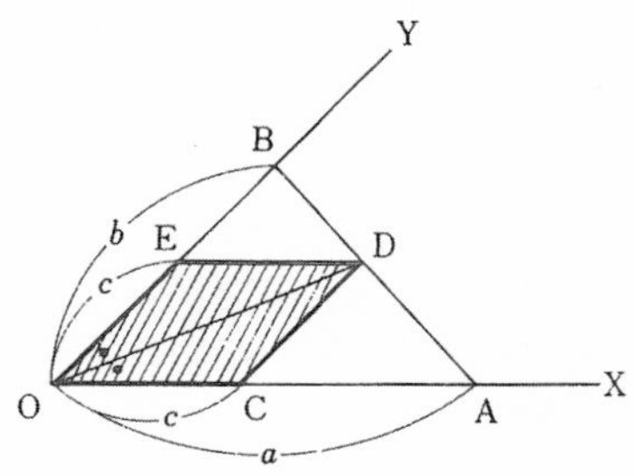

ここで OA$=a$，OB$=b$，ひし形の1辺を c とおくと，c は $\dfrac{ab}{a+b}$ に等しい．図がかわったから，念のため証明してみるのがよい．

$c=\dfrac{ab}{a+b}$ はかきかえて

$$\frac{c}{a}+\frac{c}{b}=1$$

とし，これを証明するとやさしい．

$$\frac{c}{a}+\frac{c}{b}=\frac{\mathrm{ED}}{\mathrm{OA}}+\frac{\mathrm{CD}}{\mathrm{OB}}=\frac{\mathrm{BD}}{\mathrm{AB}}+\frac{\mathrm{DA}}{\mathrm{AB}}$$
$$=\frac{\mathrm{AB}}{\mathrm{AB}}=1$$

この定理は逆にみれば，直線の定点通過の問題になる．すなわち，角 XOY の 2 辺と A，B で交わる直線 g があって

$$\frac{1}{\mathrm{OA}}+\frac{1}{\mathrm{OB}}$$

が一定ならば，g は定点を通る．これに関する問題は，しばしば入試に現われた．解析幾何に翻訳したり，ベクトルに翻訳したりすることによって，いろいろの問題を作ることができる．（その例は練習問題にある）

× ×

ここで例 1 にもどれば，補助線のひき方に気付くはず．仮定の等式

$$\frac{1}{\mathrm{AC}}+\frac{1}{\mathrm{AD}}=\frac{1}{\mathrm{AB}} \qquad ①$$

をみよ．∠CAD の二等分線をひいて，ひし形 AEFG を作れば，先の定理によって

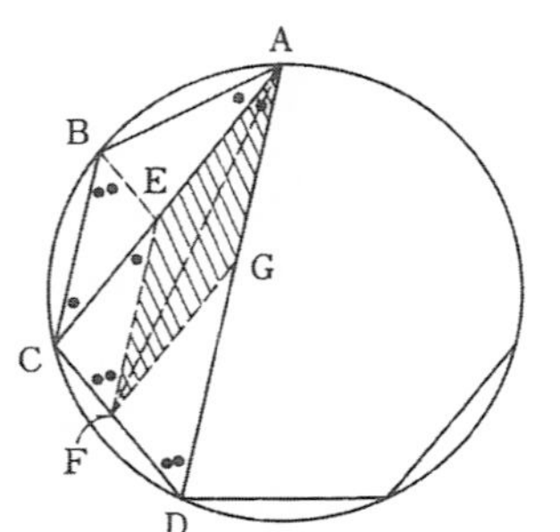

$$\frac{1}{\mathrm{AC}}+\frac{1}{\mathrm{AD}}=\frac{1}{\mathrm{AE}}$$

となるから，① とくらべて

$$\mathrm{AB}=\mathrm{AE}$$

そこで，正多角形の 1 辺に対する円周角を θ とすると，

$$\angle\mathrm{BCA}=\angle\mathrm{BAC}=\angle\mathrm{CAD}=\theta$$

EF∥AG だから

$$\angle\mathrm{CEF}=\angle\mathrm{CAD}=\theta$$
$$\therefore\quad \mathrm{BC}/\!/\mathrm{EF}$$

一方 BC＝AB＝AE＝EF となるので，四角形 BCFE は平行四辺形である．したがって

$$\angle\mathrm{EBC}=\angle\mathrm{CFE}=\angle\mathrm{D}=2\theta$$

△ABE で

$$\angle\mathrm{ABE}=\angle\mathrm{AEB}$$
$$=\angle\mathrm{BCE}+\angle\mathrm{CBE}=3\theta$$

ここで △ABE に内角定理を用いると

$$\theta+3\theta+3\theta=\pi$$

$$\therefore\quad \theta=\frac{\pi}{7}$$

▨ 対角線の長さの関係

例1の等式は正7角形の対角線の関係で，円に内接する正 n 角形の辺数 n が7になるための必要十分条件であった．他の辺数についても，これに似たものを探してみる．

円に内接する正 n 角形の1辺の長さを a，対角線の長さを小さいものから順に $b,c,\cdots$ で表わすことに約束しておく．

$n=4$ のとき：取り挙げるほどのものでないが順序としてあげれば $b^2=2a^2$ である．

$n=5$ のとき：これはちょっと手ごたえがある．純幾何学的に求めるには，四角形 ABCD にトレミーの定理を用いるか，または △ABC と △BPC，または △ACD と △DPC とが相似になることを用いればよい．これらの証明はよく見かけるから，練習問題へまわし，結果だけを挙げておく．

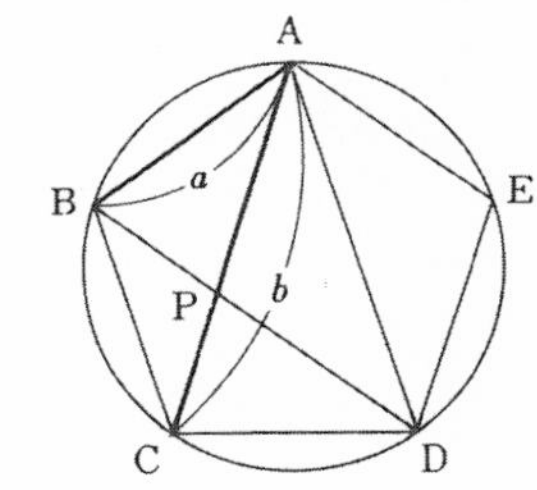

$$b^2=a^2+ab$$

$n=6$ のとき：わかりきったこと．　$c=2a$

$n=7$ のとき：例1にあった仮定．$\dfrac{1}{b}+\dfrac{1}{c}=\dfrac{1}{a}$　すなわち　$ab+ac=bc$

$n=8$ のとき：$2b^2=d^2$　または　$ab+ad=bc$

$n=9$ のとき：この場合は，非常に簡単な関係がある．

$$a+b=d$$

これはちょっと興味のある関係だから，例題としておこう．

例2

円に内接する正多角形 ABCDE… において，辺 AB および対角線 AC，AE の間に

$$\mathrm{AB}+\mathrm{AC}=\mathrm{AE}$$

なる関係がなりたつならば，この正多角形は何角形か．

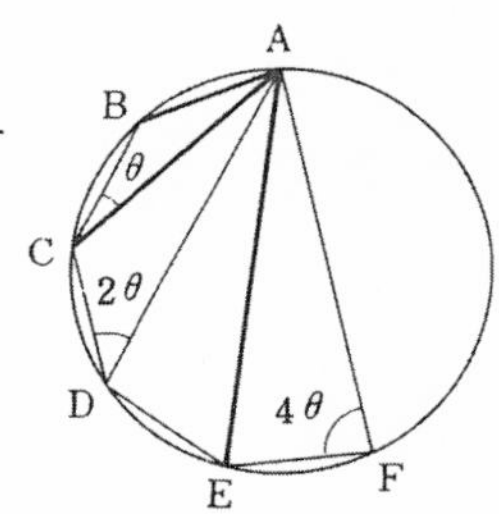

幾何学的証明は練習へまわし，三角関数を応用した解を示そう．外接円の半径を R，正多角形の1辺に対する円周角を θ $\left(0<\theta<\dfrac{\pi}{2}\right)$ とすると

$\mathrm{AB}=2R\sin\theta$，$\mathrm{AC}=2R\sin 2\theta$，$\mathrm{AE}=2R\sin 4\theta$

である．これらを仮定に代入して

$$\sin\theta+\sin 2\theta=\sin 4\theta \qquad \therefore\quad \sin\theta=\sin 4\theta-\sin 2\theta$$

$$\sin\theta=2\cos 3\theta\ \sin\theta \qquad \cos 3\theta=\frac{1}{2}$$

$$\therefore\quad 3\theta=\frac{\pi}{3} \qquad \therefore\quad \theta=\frac{\pi}{9}$$

よって正多角形の辺数は 9 である．

×　　　　　　×

なお，$n=15$ のときは，次の関係のあることを参考までにあげておく．

$$a+b=f,\ b+c=g$$

▩ 正多角形の対角線の積

正n角形の対角線の長さは外接円の大きさによって定まるが，それを代数式で表わすことは一般には困難である．しかし，1つの頂点からひいた対角線と辺の積は簡単に求められる．今年の入試問題に適切な例があるから，それを話の糸口にしよう．

――― 例 3 ―――

半径 1 の円に内接する正 5 角形 ABCDE において，$AB\cdot AC=\sqrt{5}$ であることを証明せよ．

（帯広畜産大）

参考に他の本の解答をみたら，三角関数を応用したものばかりであった．その代表例を紹介しよう．

×　　　　　　×

正弦定理によって

$$AB=2\sin 36^\circ, \qquad AC=2\sin 72^\circ$$

$$\therefore\quad AB\cdot AC=4\sin 36^\circ\ \sin 72^\circ$$

として，このあと $\cos 36^\circ$，あるいは $\cos 36^\circ$ をもとめることになろう．

ところが，それが案外たいへんで，たとえば，つぎのような方法を知っている人は，よほどの勉強家である．

$\alpha=36^\circ$ とするす，$5\alpha=180^\circ$ であるから

$$\cos 3\alpha=\cos(180^\circ-2\alpha)=-\cos 2\alpha \qquad \therefore\quad \cos 3\alpha+\cos 2\alpha=0$$

$\cos 3\alpha=4\cos^3\alpha-3\cos\alpha$，$\cos 2\alpha=2\cos^2\alpha-1$ をもちいて

$$4\cos^3\alpha-3\cos\alpha+2\cos^2\alpha-1=0$$

そこで，$\cos\alpha=t$ とおくと

$$4t^3+2t^2-3t-1=0 \qquad (t+1)(4t^2-2t-1)=0$$

あきらかに，$\alpha=36^\circ>0$ であるから　$\cos 36^\circ=\dfrac{1+\sqrt{5}}{4}$

したがって

$$\begin{aligned} AB\cdot AC &= 4\sin 36^\circ\cdot 2\sin 36^\circ\cdot\cos 36^\circ = 8\sin^2 36^\circ\cos 36^\circ \\ &= 8(1-t^2)t = 8\left\{1-\left(\frac{1+\sqrt{5}}{4}\right)^2\right\}\left(\frac{1+\sqrt{5}}{4}\right) \\ &= 8\cdot\frac{10-2\sqrt{5}}{16}\cdot\frac{1+\sqrt{5}}{4} = \frac{(5-\sqrt{5})(1+\sqrt{5})}{4} = \frac{4\sqrt{5}}{4} = \sqrt{5} \end{aligned}$$

× ×

以上がある本の解説である．計算はかなりしんどい．ガウス平面を学んだ読者ならば，別の着想が浮ぶだろう．複素数は線分の加法には向かないが，乗法には向いている．

例３は新しい問題に見えるが，創作のタネは古くからあった．

Ａから残りの項点までの距離の積は５に等しい．すなわち

$$AB\cdot AC\cdot AD\cdot AE=5 \qquad ①$$

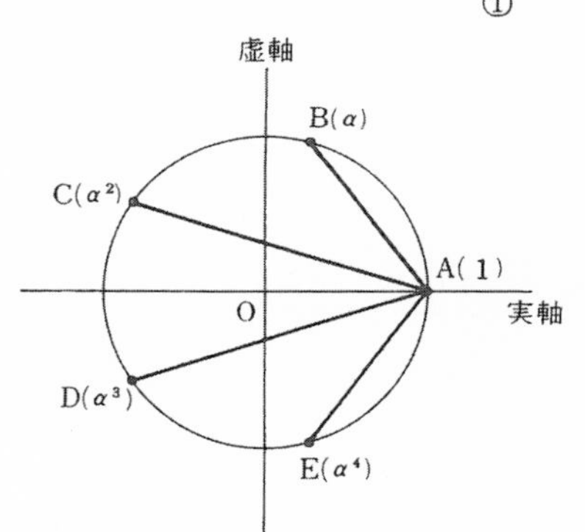

これをひとひねりすると例３になる．図をみるまでもなく AE＝AB，AD＝AC だから，これを代入すると

$$AB^2\cdot AC^2=5 \qquad \therefore\quad AB\cdot AC=\sqrt{5}$$

となって例３の等式にかわる．

さて，それでは ① の証明は どうか． これはガウス平面を用いると，エレガントに解決される．

上の図で A,B,C,D,E の座標は $x^5-1=0$ の根で，B の座標を α とすると，C,D,E の座標はそれぞれ $\alpha^2,\alpha^3,\alpha^4$ で表わされ，これらは

$$f(x)=x^4+x^3+x^2+x+1=0 \qquad ②$$

の根であるから

$$f(x)=(x-\alpha)(x-\alpha^2)(x-\alpha^3)(x-\alpha^4)$$

ここで x に１を代入すれば

$$f(1)=(1-\alpha)(1-\alpha^2)(1-\alpha^3)(1-\alpha^4)$$

一方 ② から $f(1)=5$ だから，上の式の両辺の絶対値をとって

$$|1-\alpha||1-\alpha^2||1-\alpha^3||1-\alpha^4|=5$$

これは幾何学的に解釈すれば①になる．

× ×

この方法は，任意の正多角形に適用できるから，単位円に内接する正 n 角形を

$$A_1A_2\cdots\cdots A_n$$

とすると

$$\mathbf{A_1A_2 \cdot A_1A_3 \cdot \cdots\cdots \cdot A_1A_n = n}$$

が成り立つことになる.

× ×

これよりも，もっと簡単な関係を導きたいのであったら， $x^n-1=0$ の左辺を因数分解して，簡単な方程式を導けばよい．しかし因数分解は n の値によって異なるから，n の値ごとに検討しなければならない．しかも，その n 角形に特有な頂点に目をつけることがたいせつ．たとえば正 9 角形であったら，その頂点のうち正三角形の頂点にもなるものは除くのである．

$n=7$ のとき：$\mathrm{AB \cdot AC \cdot AD \cdot AE \cdot AF \cdot AG}=7$

しかし，$\mathrm{AB=AG}$，$\mathrm{AC=AF}$，$\mathrm{AD=AE}$ であるから $\mathbf{AB \cdot AC \cdot AD}=\sqrt{\mathbf{7}}$

$n=8$ のとき：$x^8-1=0$ $(x^4-1)(x^4+1)=0$

$x^4-1=0$ の根は正 4 角形の頂点だから除いて $f(x)=x^4+1=0$ の根にだけ目をつけると

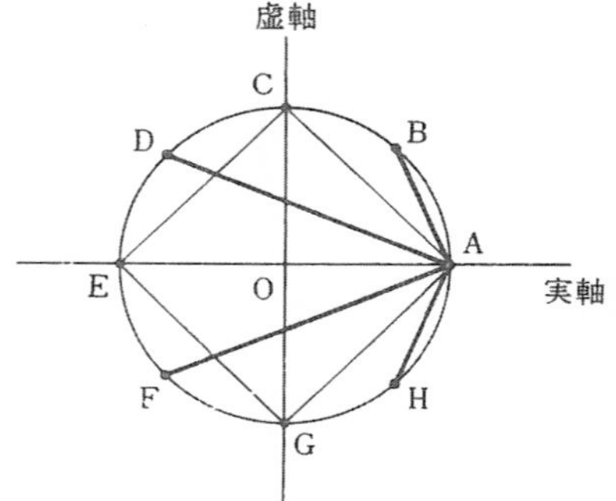

$$\mathrm{AB \cdot AD \cdot AF \cdot AH}=f(1)=2$$

しかし $\mathrm{AB=AH}$，$\mathrm{AD=AF}$ だから

$$\mathbf{AB \cdot AD}=\sqrt{\mathbf{2}}$$

$n=9$ のとき：$x^9-1=0$ の左辺を分解して

$$(x^3-1)(x^6+x^3+1)=0$$

$x^3-1=0$ の根を捨て

$$f(x)=x^6+x^3+1=0$$

の根にのみ目をつけると

$$\mathrm{AB \cdot AC \cdot AE \cdot AF \cdot AH \cdot AI}=f(1)=3$$

ここで $\mathrm{AB=AI}$，$\mathrm{AC=AH}$，$\mathrm{AE=AF}$ を考慮すれば

$$\mathbf{AB \cdot AC \cdot AE}=\sqrt{\mathbf{3}}$$

$n=10$ のとき：結果だけあげると $\mathbf{AB \cdot AD=1}$

$n=12$ のとき：結果だけあげておく． $\mathbf{AB \cdot AF=1}$

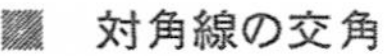

対角線の交角

正 n 角形の対角線の交角をみると，n が 4,6 のときは直交するものがあるが，n が 5,7 のときはない．交角のうち最大の鋭角をみると，$n=5$ のときは $\dfrac{\pi}{5}\times 2=\dfrac{2}{5}\pi$， $n=7$ のとき $\dfrac{\pi}{7}\times 3=\dfrac{3}{7}\pi$ である．これらの例から，一般に辺数が偶数のときは直交する対角線があ

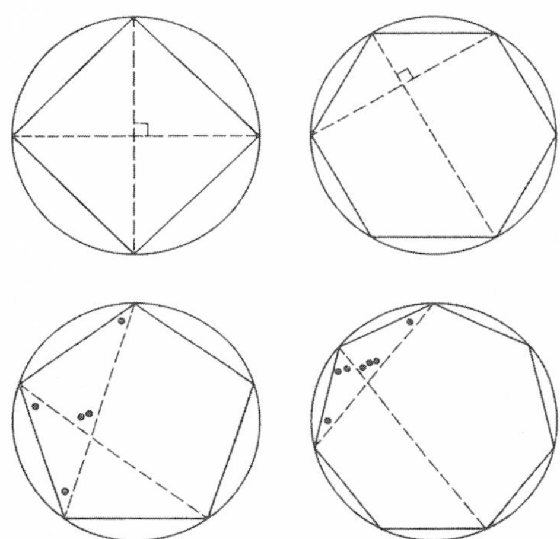

るが，辺数が奇数のときは直交する対角線のないことが予想される．実は，この予想は正しく，複素数を用いた証明は入試に出題されたことがある．

例 4

正 n 角形の対角線には，辺数が偶数ならば直交するものがあり，辺数が奇数ならば直交するものがないことを証明せよ．

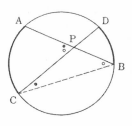

ここでは初等幾何にふさわしい証明を考えてみる．正 n 角形には外接円があるから，それをかき加えてみると，対角線は円の弦になる．したがって，円の 2 つの弦の交角を追求してみればよさそうである．

2 つの弦 AB, CD が点 P で交わったとしよう．B と C を結んでみると

$$\angle APC = \angle B + \angle C$$

$\angle B$ は弧 AC に対する円周角に等しく，$\angle C$ は弧 BD に対する円周角に等しい．

$$\angle APC = \begin{pmatrix}\text{弧 AC に対}\\ \text{する円周角}\end{pmatrix} + \begin{pmatrix}\text{弧 BD に対}\\ \text{する円周角}\end{pmatrix}$$

この定理は，次のようにまとめてみれば，その本質が一層はっきりしよう．

> 2 つの弦が交わるとき，その交角は，交角またはその対頂角内にある 2 つの弧に対する円周角の和に等しい．

次に，２つの弦がその延長で交わる場合はどうか．交点をＰとし，ＢとＣを結んでみよ．図のように，Ｐが AB, CD の延長上にある場合には

$$\angle \mathrm{APC} = \angle \mathrm{ABC} - \angle \mathrm{C}$$

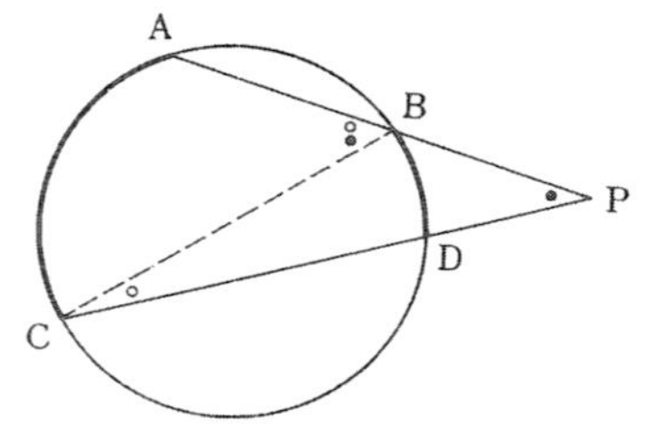

∠ABC は弧 AC に対する円周角で，∠C は弧 BD に対する円周角である．したがって一般に次のことがわかった．

> ２つの弦がそれらの延長で交わるとき，その交角は，交角内にある２つの弧に対する円周角の差の絶対値に等しい．

これで予備知識がととのったから例３の証明にはいる．

正多角形の１辺に対する円周角を θ（$\frac{\pi}{2}$ より小さい方）とする．２つの対角線の１つの交角内またはその対頂角内にある弧に対する円周角は θ の整数倍であるから，それぞれ $p\theta, q\theta$ とすると，対角線の交角は

$$|p\theta \pm q\theta|$$

に等しい．これが $\frac{\pi}{2}$ に等しかったとすると

$$(p \pm q)\theta = \frac{\pi}{2}$$

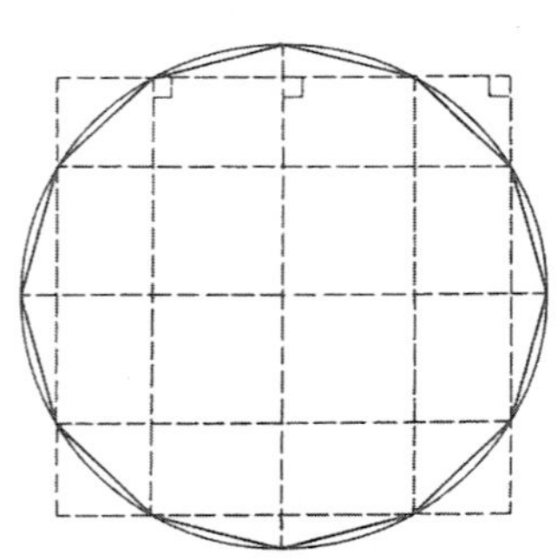

正多角形の辺数を n とすると $\theta = \frac{\pi}{n}$ であるから，これを上の式に代入して

$$2(p \pm q) = n$$

よって，辺数 n は偶数である．

以上の推論は逆にたどれるから，これで完全な証明である．

正12角形でみると，図のように，直交する弦がたくさんある．

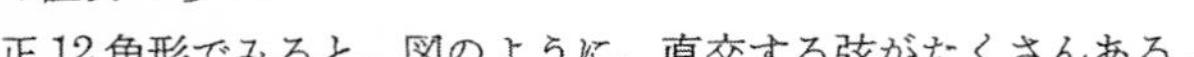

➡注　弦の交角に関する先の定理は，弦の極限とみられる接線を加えても成り立つ．

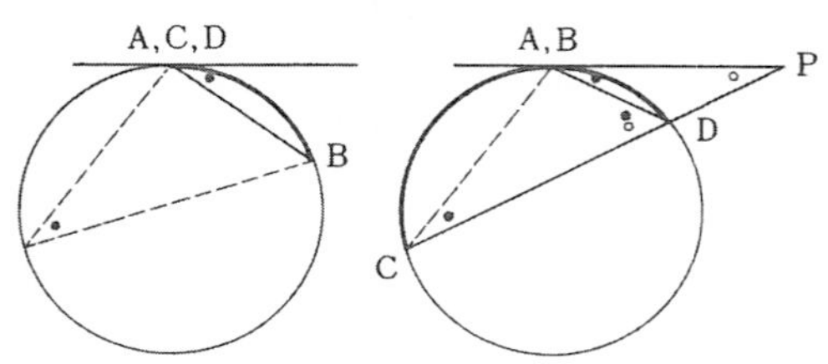

練 習 問 題

1．正5角形 ABCDE の1辺の長さを a，1つの対角線の長さを b とすると $b^2=a^2+ab$ が成り立つことを，次の2つの方法で証明せよ．

(1) 相似三角形を用いる．

(2) トレミーの定理を用いる．

2．単位円に内積する正10角形を ABCD…J とすれば，AB・AD＝1 が成り立つことを証明せよ．

3．正7角形 ABCDEFG において，次の等式が成り立つことを証明せよ．

$$\frac{1}{\mathrm{AC}}+\frac{1}{\mathrm{AD}}=\frac{1}{\mathrm{AB}}$$

4．正多角形 $\mathrm{A_1A_2A_3}$…… の辺 $\mathrm{A_1A_2}$ と2つの対角線 $\mathrm{A_1A_5}$, $\mathrm{A_1A_7}$ の間に関係

$$\mathrm{A_1A_2}+\mathrm{A_1A_5}=\mathrm{A_1A_7}$$

が成り立つとき，この正多角形は何角形であるか．

5．△ABC の辺 BC 上の任意の点をPとし，B,C から PA に平行線をひき，辺 CA,BA の延長と交わる点をそれぞれ Q,R とする．このとき

$$\frac{\mathrm{PA}}{\mathrm{BQ}}+\frac{\mathrm{PA}}{\mathrm{CR}}$$

は一定であることを証明せよ．

6．二等辺三角形 ABC の底辺 BC の中点Mを通る任意の直線が辺 AB,AC またはそれらの延長と交わる点をそれぞれ P,Q とすれば，AB は AP,AQ の調和平均に等しいことを証明せよ．

7．平面上にあって1直線上にない3点を O,A,B とする．実数 pq が

$$\frac{1}{p}+\frac{1}{q}=1$$

をみたして変わるとき，2つのベクトル $p\overrightarrow{\mathrm{OA}}$，$q\overrightarrow{\mathrm{OB}}$ の終点を結ぶ直線は定点を通ることを証明せよ．（九州工業大）

8．p,q の間に $p+q=pq$，なる関係があるとき，直線 $\dfrac{x}{p}+\dfrac{y}{q}=1$ は定点を通ることを証明せよ．

9．正7角形の対角線の交角の大きさをすべて求めよ．ただし交角は鋭角の方をとるものとする．

10．半径1の円に内接する正12角形の1辺の長さ，および，すべての対角線の長さを求めよ．

ヒント・略解

1．(1)　AC，BD の交点を P とすると
$\triangle ABC \backsim \triangle CPB$ したがって
$AB : AC = CP : CB$，　これを a, b で表わすと $a : b = b-a : a$　$\therefore\ a^2 = b(b-a)$

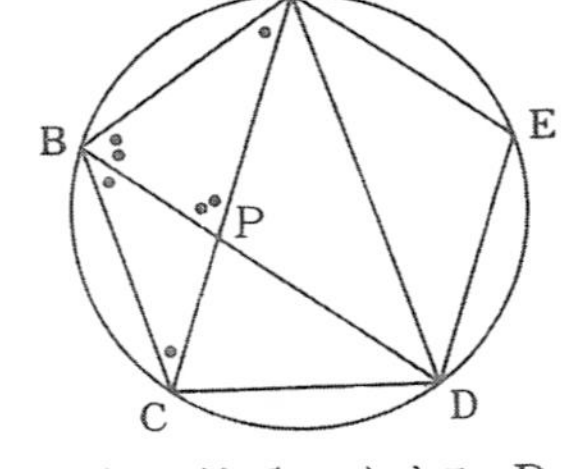

(2)　四角形 ABCD にトレミーの定理を用いると $AC \cdot BD = AB \cdot CD + BC \cdot AD$
$\therefore\ b^2 = a^2 + ab$

2．円の中心をガウス平面の原点にとり，A,B の座標をそれぞれ $1, \alpha$ とする，D,H,J の座標はそれぞれ $\alpha^3, \alpha^7, \alpha^9$ となる．$x^{10}-1=0$ を変形すれば $(x^5-1)(x^5+1)=0$ さらに
$(x^5-1)(x+1)(x^4-x^3+x^2-x+1)=0$
$f(x)=x^4-x^3+x^2-x+1=0$ の根は $\alpha, \alpha^3, \alpha^7, \alpha^9$ であるから
$f(x)=(x-\alpha)(x-\alpha^3)(x-\alpha^7)(x-\alpha^9)$　$\therefore\ (1-\alpha)(1-\alpha^3)(1-\alpha^7)(1-\alpha^9)=f(1)=1$
この辺の絶対値をとり，$AB \cdot AD \cdot AH \cdot AJ = 1$ しかるに $AB = AJ$，$AD = AH$ だから
$AB \cdot AD = 1$

3．外接円の半径を R，$\dfrac{\pi}{7}=\theta$ とおくと $AB = 2R\sin\theta$，$AC = 2R\sin 2\theta$
$AD = 2R\sin 3\theta$

$$\therefore\ AB(AC+AD) = 4R^2\sin\theta(\sin 2\theta + \sin 3\theta) = 4R^2\sin\theta(\sin 2\theta + \sin 4\theta)$$
$$= 4R^2\sin\theta \cdot 2\sin 3\theta\cos\theta = 4R^2\sin 2\theta \cdot \sin 3\theta = AC \cdot AD$$

4．外接円の半径を R，1 辺に対する円周角を θ（鋭角の方）とすると
$2R\sin\theta + 2R\sin 4\theta = 2R\sin 6\theta$　　$\therefore\ \sin\theta = \sin 6\theta - \sin 4\theta$
$\sin\theta = 2\cos 5\theta\sin\theta$　　$\therefore\ \cos 5\theta = \dfrac{1}{2}$　$5\theta = \dfrac{\pi}{3}$　　$\therefore\ \theta = \dfrac{\pi}{15}$，正 15 角形

5．$\dfrac{PA}{BQ} + \dfrac{PA}{CR} = \dfrac{PC}{BC} + \dfrac{BP}{BC} = \dfrac{BC}{BC} = 1$

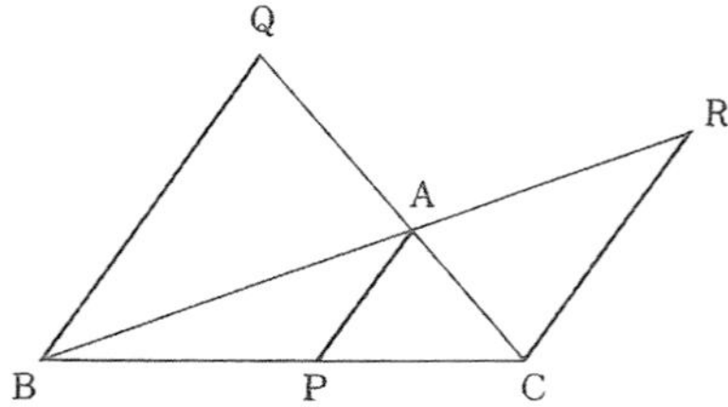

6．AB の中点を N，AC の中点を L とすると　$\dfrac{ML}{AP} + \dfrac{MN}{AQ} = \dfrac{MQ}{PQ} + \dfrac{PM}{PQ} = \dfrac{PQ}{PQ} = 1$

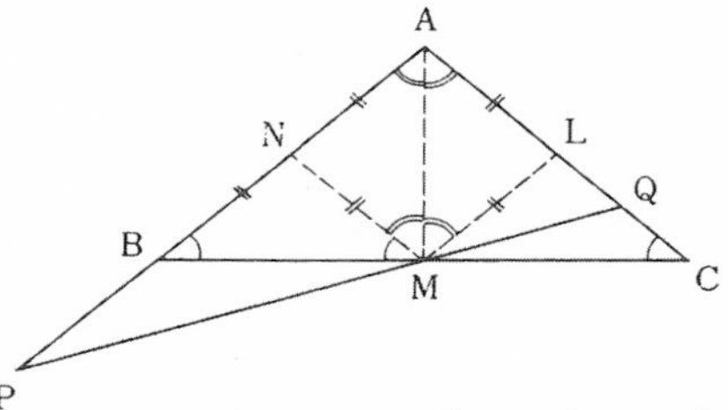

しかるに $2\mathrm{ML}=2\mathrm{MN}=\mathrm{AB}$ であるから $\dfrac{1}{\mathrm{AP}}+\dfrac{1}{\mathrm{AQ}}=\dfrac{2}{2\mathrm{MN}}=\dfrac{2}{\mathrm{AB}}$

7．$p\overrightarrow{\mathrm{OA}}=\overrightarrow{\mathrm{OP}}$，$q\overrightarrow{\mathrm{OB}}=\overrightarrow{\mathrm{OQ}}$ とおく．さらに $\overrightarrow{\mathrm{OA}}+\overrightarrow{\mathrm{OB}}=\overrightarrow{\mathrm{OC}}$ とおいてみると，$\overrightarrow{\mathrm{OC}}=\dfrac{1}{p}\overrightarrow{\mathrm{OP}}+\dfrac{1}{q}\overrightarrow{\mathrm{OQ}}$ かつ $\dfrac{1}{p}+\dfrac{1}{q}=1$ よって，C は直線 PQ 上にある．C は定点だから PQ は定点 C を通る．

8．$p+q=pq$ から $\dfrac{1}{q}=1-\dfrac{1}{p}$ 　$\therefore$ $\dfrac{x}{p}+\left(1-\dfrac{1}{p}\right)y=1$ 　$\therefore$ $p(y-1)+(x-y)=0$
p は任意だから $y-1=0$，$x-y=0$ 　$\therefore$ $x=y=1$，直線は定点（1，1）を通る．

9．外接円をかく．正 7 角形の 1 辺に対する円周角の小さい方は $\dfrac{\pi}{7}$ である．$\dfrac{\pi}{7}n<\dfrac{\pi}{2}$ から $n<\dfrac{7}{2}$ 　$\therefore$ $n=1,2,3$ 　よって対角線の交角は $\dfrac{\pi}{7}$，$\dfrac{2\pi}{7}$，$\dfrac{3\pi}{7}$．

10．$180°\div12=15°$，1 辺の長さは $2\sin15°=2\sin(45°-30°)$
$=2\sin45°\cos30°-2\cos45°\sin30°=\dfrac{\sqrt{6}-\sqrt{2}}{2}$，
対角線の長さは
$2\sin30°=1$，$2\sin45°=\sqrt{2}$，$2\sin60°=\sqrt{3}$，
$2\sin75°=2\sin(45°+30°)=\dfrac{\sqrt{6}+\sqrt{2}}{2}$，$2\sin90°=2$

チェビシェフの多項式

異色の問題に焦点を当ててみよう．いや問題そのものは，よく見かける平凡そのものの問題なのだが，視点をかえれば異色ということ．平凡な市民も，社会が混乱したり，異状な環境の中になげ出されると，よきにせよ，悪しきにせよ，予期しない能力を現わすものである．戦中,戦後の社会で，ときには軍隊生活で，私はそれを見た．ある哲学者は人間を「神と悪魔の共存体」とみたが，私もそれをみた．人間の可能性を信じつつ疑う悲しい習慣からの離脱に，いまも悩まされることがある．しょせん人間は愚かな存在なのであろうか．

2次関数の限界の問題

入試問題の中には，一度現われはかなく姿を消すのがあるかと思うと，繰り返し出題されるものもある．次の2次関数の絶対値の限界に関する問題は後者である．

例1

$f(x)=x^2+ax+b$ のとき，$-1\leqq x\leqq 1$ における $|f(x)|$ の最大値は $\dfrac{1}{2}$ より小さくならない．すなわち

$$\max|f(x)|\geqq\frac{1}{2}$$

となることを証明せよ．

一見やさしそうで実際はそうでない．大学の入試問題としては難問に属するだろう．

最初に高数流儀の平凡な解を試みよう．高校の2次関数はグラフオンリーである．とくに絶対値に関するものは，「グラフをかけ」とパターン化されている．グラフの役目は推論を側面から助けることにある．グラフあって推論なし，「見ればわかる」は数学でない．とくに推論に自信のないところを「見ればわかる」でごまかすのはよくない．

グラフを用いる方法

初歩的方法というものは，とかく，場合分けが多い．限られた数学で解こうとすること

からくる宿命であろうか．２次関数

$$f(x)=x^2+ax+b$$

の最小は $x=-\dfrac{a}{2}$ で起きるから，場合分けは，$-\dfrac{a}{2}$ が区間 $-1\leqq x\leqq 1$ にはいるかどうかによって試みることになろう．

（ｉ） $\left|-\dfrac{a}{2}\right|\geqq 1$ すなわち $|a|\geqq 2$ のとき $f(x)$ の最大値は

$$f(1)=1+a+b \text{ か } f(-1)=1-a+b$$

である．ところが

$$f(1)-f(-1)=2a$$

であるから

$$|f(1)|+|f(-1)|\geqq|f(1)-f(-1)|$$
$$=|2a|\geqq 4$$

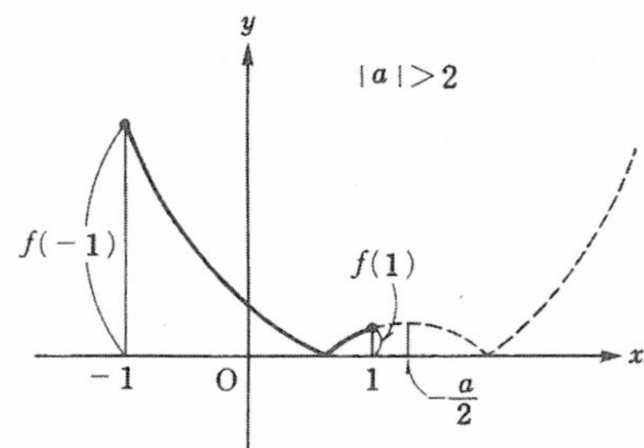

この式から $|f(1)|$，$|f(-1)|$ の少なくともどちらかは２以上になる $|f(x)|$ の最大値は $|f(1)|$ または $|f(-1)|$ だから結論は正しい．

（ii） $\left|-\dfrac{a}{2}\right|<1$ すなわち $|a|<2$ のとき．

$x=-\dfrac{a}{2}$ は区間 $-1\leqq x\leqq 1$ 内にあり，ここで $f(x)$ は極小になる．問題の内容からみて，$0\leqq a<2$ の場合を証明すれば十分である．

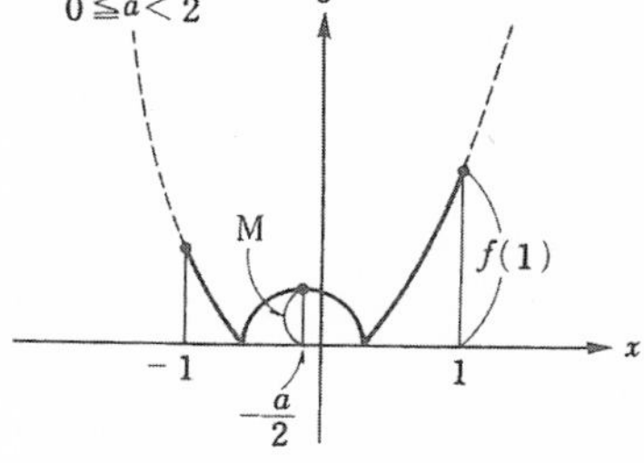

$f\left(-\dfrac{a}{2}\right)=\dfrac{4b-a^2}{4}=M$ とおくと，

$$f(1)-M=\frac{(a+2)^2}{4}\geqq 1$$

$$|M|+|f(1)|\geqq|f(1)-M|\geqq 1$$

従って $|M|$，$|f(1)|$ の少なくとも１つは $\dfrac{1}{2}$ 以上である．$|f(x)|$ の最大値は $|f(1)|$ または $|M|$（最小値のこともある）だから結論は正しい．

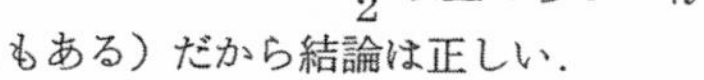

かなり手を省いて解いた積りなのに，ごらんの通り，簡単でない．くわしい解き方をすればもっと長くなるだろう．

数学には「苦しいときの神頼み」として背理法がある．まともに当ってだめなら，一度は背理法に当ってみるだけの価値がある．

背理法による方法

$|f(x)|$ は閉区間 $[-1,1]$ で連続であることからみて，最大になるのは $x=1,-1,-\frac{a}{2}$ のいずれかである．従って

$$f(1),\ f(-1),\ f\left(-\frac{a}{2}\right)$$

がすべて $\frac{1}{2}$ より小さいとすると矛盾が起きることを示せばよい．

$|f(1)|<\frac{1}{2}$ から

$$-\frac{1}{2}<1+a+b<\frac{1}{2} \qquad \therefore\ -a-\frac{3}{2}<b<-a-\frac{1}{2} \qquad ①$$

$|f(-1)|<\frac{1}{2}$ から

$$-\frac{1}{2}<1-a+b<\frac{1}{2} \qquad \therefore\ a-\frac{3}{2}<b<a-\frac{1}{2} \qquad ②$$

$\left|f\left(-\frac{a}{2}\right)\right|<\frac{1}{2}$ から

$$-\frac{1}{2}<\frac{4b-a^2}{4}<\frac{1}{2} \qquad \therefore\ \frac{a^2-2}{4}<b<\frac{a^2+2}{4} \qquad ③$$

①,②,③ を同時にみたす a,b がないことをいえばよい．ab–平面上に図示してみると，①,②,③ の共通範囲がないから目的が達せられた．

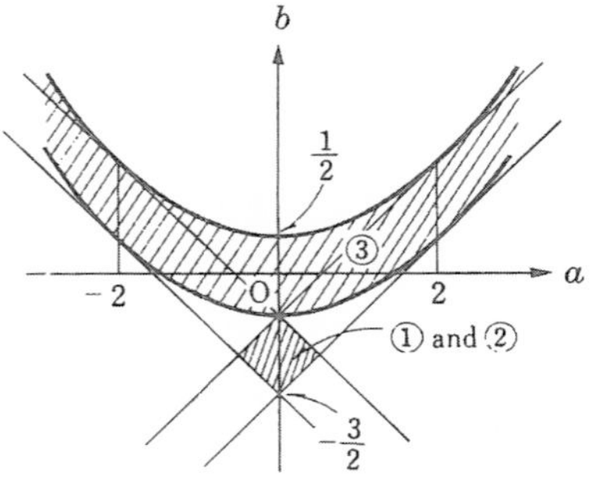

第2の背理法

最大値が $\frac{1}{2}$ 以上であることの否定は，「xのどんな値に対しても $\frac{1}{2}$ より小さい」である．もちろん，定義域 [1−,1] でのこと．xのどんな値に対しても $\frac{1}{2}$ より小さいとすると，

$$x=1,\ -1,\ 0$$

でも $\frac{1}{2}$ より小さい．これから矛盾を導くことはできないか．前と同様にして

$|f(1)|<\frac{1}{2}$ から $\qquad -a-\frac{3}{2}<b<-a-\frac{1}{2} \qquad ①$

$|f(-1)|<\frac{1}{2}$ から $\qquad a-\frac{3}{2}<b<a-\frac{1}{2} \qquad ②$

さらに $|f(0)|<\frac{1}{2}$ から $\qquad -\frac{1}{2}<b<\frac{1}{2} \qquad ③$

①,②,③ から矛盾を導けばよい． これも ab–平面に図示することによって解決される．図をみると，あきらかに共通範囲がない．

しかし，この場合は１次不等式であるから図をかかなくとも矛盾は導ける．①＋②から

$$-3<2b<-1$$

$$-\frac{3}{2}<b<-\frac{1}{2}$$

これは③に矛盾する．

一般の道をさぐる

上で試みた第２の背理法で用いた x の値は $1, -1, 0$ であった．これを何から気付いたかときかれると戸迷うだろう．１と -1 は定義域の端だから当然として，０は明確に答えようがない．簡単な数で，関数の値も簡単だからというだけでは，一般性に乏しい．なぜかというに，簡単な値必ずしも問題解決に有効とは限らないからである．０の代りに $\frac{1}{2}$ や $-\frac{1}{2}$ を用いても成功しないところをみると，この問題にとって０は決定的意味をもっている．だとすると，０は必然的に選出される原理がどこかに秘められているはずだ．とはいっても，その発見の道は険しく，非凡な才能の持ち主の力をかりねばならないかも知れないのである．

その名は**チェビシェフ**（Tschebyscheff, 1821－1894）……彼は，この難問にいどみ，一般化の道を開拓したのである．

チェビシェフ

×　　　　×

補助の関数として

$$T_2(x)=x^2-\frac{1}{2}$$

を用いる．これが彼の着想である．この関数を $T_2(x)$ で表わしたのは，彼の功績にあやかり頭文字を選んだのである．では，この関数はどこから生れたか．当然の疑問であるが，その種明かしはあとへ回し，とにかく，問題そのものを解いてみよう．

$f(x)$ と $T_2(x)$ の差をつくると，次数が１つ下って１次関数になる．この関数を $g(x)$ で表わしておく．

$$g(x)=f(x)-T_2(x)=ax+b+\frac{1}{2}$$

背理法を用いることに変わりはない．

$T_2(x)$ は $x=0$ で極値をとることに目をつけ，$x=0$ を選ぶ．これに定義域の端として $x=1, -1$ を追加する．

$$-\frac{1}{2}<f(1)<\frac{1}{2} \qquad -\frac{1}{2}<f(0)<\frac{1}{2} \qquad -\frac{1}{2}<f(-1)<\frac{1}{2}$$

であったとする．一方

$$T_2(1)=\frac{1}{2},\ T_2(0)=-\frac{1}{2},\ T_2(-1)=\frac{1}{2}$$

であるから

$$g(1)=f(1)-T_2(1)<0 \quad g(0)=f(0)-T_2(0)>0 \quad g(-1)=f(-1)-T_2(-1)<0$$

$g(x)$ は1次関数がから，このようなことはあり得ない．これで証明された．

× ×

いよいよ，補助として選んだ関数

$$T_2(x)=x^2-\frac{1}{2}$$

の種明かしをするときがきた．

この関数のふるさとは三角関数だときけばびっくりするだろう．整関数の問題をとくのに，整関数とはおよそ無縁な三角関数の力をかりるとは．共産主義の国が，お隣りの共産主義の国を嫌って，遠い資本主義の国と結びつく御時世である．事実は小説よりも奇なりは政治のみではない．数学には意外に多いのである．整数論の問題を解決するのに，無理数はもちろん虚数を用いる．さらに解析的方法を用いるなどは，その一例であろう．数学の研究に，言語学や芸術がヒントを与えるかもしれないし，この逆もありうることを歴史は物語っている．大学で教養課程を重視する理由がそこにあろう．

三角関数のうち余弦に目をつける．その理由は，$\cos n\theta$ は $\cos\theta$ の整式で表わされるからである．$\sin n\theta$ は $\sin\theta$ の整式では表わされない．たとえば $\sin 2\theta$ は $2\sin\theta\cos\theta$ だから $\cos\theta$ の有理式にも $\sin\theta$ の有理式にもならない．

$$\cos 2\theta=2\cos^2\theta-1$$

ここで $\cos\theta=x$ とおくと

$$\frac{\cos 2\theta}{2}=x^2-\frac{1}{2}=T_2(x)$$

となって，補助関数が現われた．

この関数の定義域は $-1\leqq\cos\theta\leqq1$ から

$$[-1,\ 1]$$

である．また，$-1\leqq\cos 2\theta\leqq1$ から，$T_2(x)$ の値域は

$$\left[-\frac{1}{2},\ \frac{1}{2}\right]$$

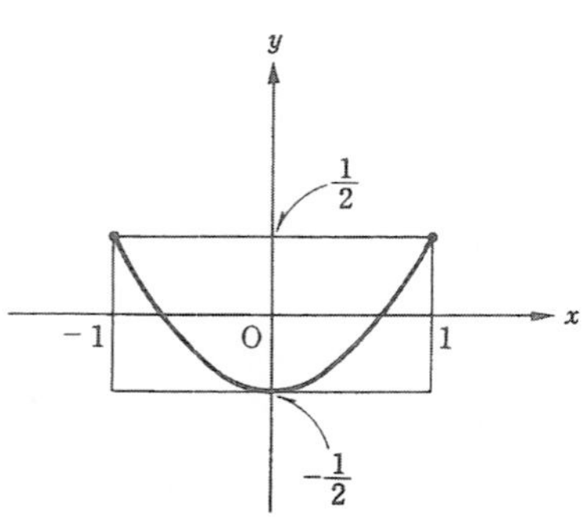

である．

例1の不等式で，等号の成り立つのは

$$f(x)=T_2(x)$$

の場合に限ることも証明できるのである．

×　　　　　×

さて，$\cos 3\theta$ からはどんな整関数が得られるだろうか．よく知られている公式によると

$$\cos 3\theta=4\cos^3\theta-3\cos\theta$$

従って $\cos\theta=x$ とおくと

$$\frac{\cos 3\theta}{4}=x^3-\frac{3}{4}x$$

これを $T_3(x)$ とおいて，変化のようすを調べてみる．

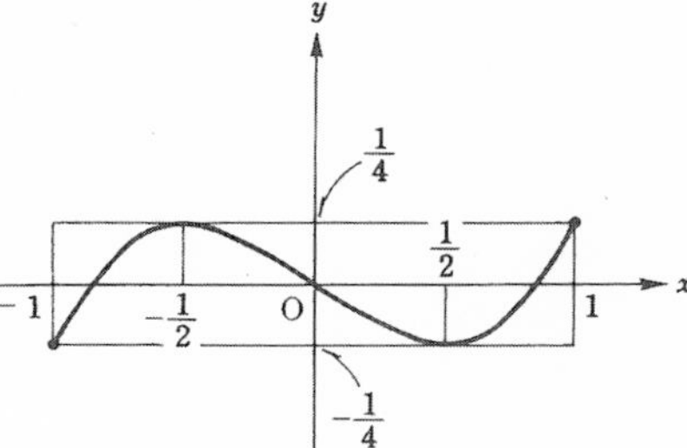

$$T_3(x)=x^3-\frac{3}{4}x$$

$$T_3'(x)=3\left(x+\frac{1}{2}\right)\left(x-\frac{1}{2}\right)$$

$x=-\frac{1}{2}$ で極大値 $T_3\left(-\frac{1}{2}\right)=\frac{1}{4}$，$x=\frac{1}{2}$ で極小値 $T_3\left(\frac{1}{2}\right)=-\frac{1}{4}$．しかも

$$T_3(-1)=T_3\left(\frac{1}{2}\right)=-\frac{1}{4},\quad T_3(1)=T_3\left(-\frac{1}{2}\right)=\frac{1}{4},\quad T_3(0)=0$$

これらを参考にしてグラフをかくと上の図がえられる．

この関数を補助に用いることによって，3次関数には，次の性質のあることが証明されるだろうとの予想が立つ．

例2

$f(x)=x^3+ax^2+bx+c$ のとき，$-1\leqq x\leqq 1$ における $|f(x)|$ の最大値は $\frac{1}{4}$ より小さくならない．すなわち

$$\max|f(x)|\geqq\frac{1}{4}$$

である．

証明は例1にならい背理法による．すなわち $\max|f(x)|<\frac{1}{4}$ と仮定すると矛盾がおこることを証明する．x の値としては，定義域の端 $1, -1$ のほかに $T_3(x)$ が極値をとるときの値 $\frac{1}{2}$，$-\frac{1}{2}$ を選ぶ．いま，かりに

$$-\frac{1}{4}<f(1),\ f(-1),\ f\left(\frac{1}{2}\right),\ f\left(-\frac{1}{2}\right)<\frac{1}{4}$$

であったとし

$$g(x)=f(x)-T_3(x)=ax^2+\left(b+\frac{3}{4}\right)x+c$$

とおくと

$$g(-1)=f(-1)-T_3(-1)>0$$

$$g\left(-\frac{1}{2}\right)=f\left(-\frac{1}{2}\right)-T_3\left(-\frac{1}{2}\right)<0$$

$$g\left(\frac{1}{2}\right)=f\left(\frac{1}{2}\right)-T_3\left(\frac{1}{2}\right)>0$$

$$g(1)=f(1)-T_3(1)<0$$

従って方程式 $g(x)=0$ は3根をもつことになる．これは $g(x)$ が高々2次の関数であることに矛盾する．これで証明が終った．

補助に用いた関数 $T_3(x)$ の偉力に驚かざるをえない．

▩ チェビシェフの多項式

$\cos 2\theta$ から導いた $2x^2-1$，$\cos 3\theta$ から導いた $4x^3-3x$，一般に n が自然数のとき，$\cos n\theta$ から導いた同様の式を，**チェビシェフの多項式**という．

この多項式を導く最も手際のよい方法は，複素数に関するド・モアブルの定理の利用である．

$$\cos n\theta+i\sin n\theta=(\cos\theta+i\sin\theta)^n$$

右辺を2項定理によって展開し，実部をとれば $\cos n\theta$ になる．$\cos\theta=x$ とおいて

$$\cos n\theta=x^n-{}_nC_2x^{n-2}(1-x^2)+{}_nC_4x^{n-4}(1-x^2)^2+\cdots+(-1)^r{}_nC_{2r}x^{n-2r}(1-x^2)^r+\cdots$$

この右辺がチェビシェフの多項式である．これをあらためて $T_n(x)$ で表わすと

$$T_2(x)=2x^2-1 \qquad T_3(x)=4x^3-3x$$

―――― 例3 ――――

上の公式を用いて次の多項式を求めよ．

$$T_4(x),\ T_5(x),\ T_6(x)$$

$n=4$ とおくと

$$T_4(x)=x^4-{}_4C_2x^2(1-x^2)+{}_4C_4x^0(1-x^2)^2=8x^4-8x^2+1$$

$n=5$ とおいて

$$T_5(x)=x^5-{}_5C_2x^3(1-x^2)+{}_5C_1x(1-x^2)^2=16x^5-20x^3+5x$$

$n=6$ とおいて

$$T_6(x)=x^6-{}_6C_2x^4(1-x^2)+{}_6C_4x^2(1-x^2)^2-{}_6C_6x^0(1-x^2)^3=32x^6-48x^4+18x^2-1$$

× ×

以上の例からわかるように，チェビシェフの多項式 $T_n(x)$ は，n 次の整式で，n が偶数のときは偶関数で，n が奇数のときは奇関数である．

$T_n(x)$ を用いることによって，一般に次の定理が証明される．

> $f(x)=x^n+a_1x^{n-1}+\cdots+a_n$ のとき，$-1\leqq x\leqq 1$ における $|f(x)|$ の最大値は $\dfrac{1}{2^{n-1}}$ 以上である．

定理を挙げるのに，整関数として x^n が1の特殊なものを用いたり，定義域として特殊な区間 $[-1,1]$ を用いるのは，いかにも一般性を欠くように見えるが，実際はそうでない．このような定理から，一般の場合を導くのはたやすいからである．

たとえば例1から $f(x)=ax^2+bx+c$ のとき $[-1,1]$ における $\max|f(x)|$ の限界がわかる．

$$\frac{f(x)}{a}=x^2+\frac{b}{a}x+\frac{c}{a}$$

このように書きかえると例1が使えて

$$\max\left|\frac{f(x)}{a}\right|\geqq\frac{1}{2}$$

$$\therefore\quad \max\left|f(x)\right|\geqq\frac{|a|}{2}\qquad x\in[-1,1]$$

となる．

さらに $f(x)=ax^2+bx+c$ のとき，$[h,k]$ における $\max|f(x)|$ の限界だって導かれる．それには，区間 $[-1,1]$ を1次変換によって $[h,k]$ へうつせばよいからである．

そのような1次変換を

$$x=pt+q$$

とおいてみよ．

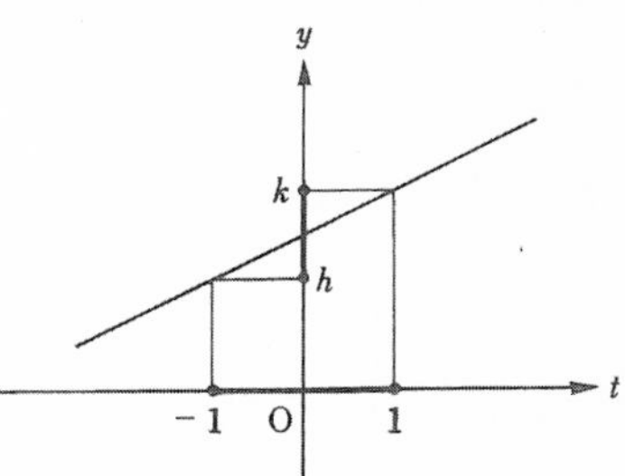

$t=-1$ のとき $x=h$，$t=1$ のとき $x=k$ となるように p,q を定めることによって

$$x=\frac{k-h}{2}t+\frac{k+h}{2}$$

これを $f(x)$ に代入すると

$$f(x)=a\left(\frac{h-k}{2}\right)^2t^2+Bt+C,\qquad t\in[-1,1]$$

の形の2次関数になる．従って

$$\max|f(x)|\geqq\frac{1}{2}\left|a\left(\frac{h-k}{2}\right)^2\right|$$

すなわち

$$\max|f(x)| \geqq \frac{|a|(h-k)^2}{8}, \quad x \in [h, k]$$

なる結果が導かれる．

練習問題

1．チェビシェフの関数

$$T_5(x) = 16x^5 - 20x^3 + 5x$$

のグラフをかけ．

2．チェビシェフの関数 $T_7(x)$，$T_8(x)$ を公式を用いて導け．

3．実数 a, b に対して，$-1 \leqq x \leqq 1$ における $|x^2+ax+b|$ の最大値を u とする．u を最小にするような a, b を求めよ．また，そのときの u の値はいくらか．

（奈良県医大）

4．関数 $f(x)=x^2+ax+b$（a, b は実数）の $0 \leqq x \leqq 1$ における最小値を m とする．不等式 $a+2b \leqq 2$ を満足する a, b で m を最大にするものを求めよ．（京都大）

ヒント・略解

1．微分して $T_5'(x) = 16 \cdot 5x^4 - 5 \cdot 12x^2 + 5$
$= 5(4x^2+2x-1)(4x^2-2x-1)$
$4x^2+2x-1=0$ のとき $x = \dfrac{-1 \pm \sqrt{5}}{4}$ で極大で，極大値は 1，
$4x^2-2x-1=0$ のとき $x = \dfrac{1 \pm \sqrt{5}}{4}$ で極小で，極小値は -1．
なお $f(1)=1$，$f(-1)=-1$，$f(0)=0$

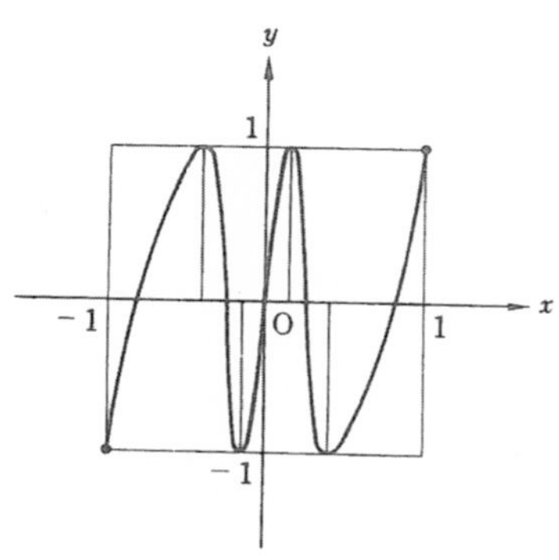

2．$T_7(x) = x^7 - {}_7C_2x^5(1-x^2) + {}_7C_4x^3(1-x^2)^2 - {}_7C_6x(1-x^2)^3 = 64x^7 - 112x^5 + 56x^3 - 7x$

$T_8(x) = x^8 - {}_8C_2x^6(1-x^2) + {}_8C_4x^4(1-x^2)^2 - {}_8C_6x^2(1-x^2)^3 + {}_8C_0x^0(1-x^2)^4$
$= 128x^8 - 256x^6 + 160x^4 - 32x^2 + 1$

3．例 1 の最初の解において（i）$|a| \geqq 2$ のときは，$|f(1)|$，$|f(-1)|$ の少なくとも 1 つは 2 以上であるから，最大値は 2 以上である．

（ii）$|a|<2$ のときは，$M, f(1)$ の少なくとも 1 つは $\dfrac{1}{2}$ 以上だから，最大値は $\dfrac{1}{2}$ 以上．よって最大値 u が $\dfrac{1}{2}$ になりうるなら，そのとき u は最小になる．そのとき

$|M|+|f(1)|\geqq 1$ は等号が成り立たなければならないから　$|M|=\dfrac{1}{2}$，$|f(1)|=\dfrac{1}{2}$

$\therefore\quad \dfrac{|4b-a^2|}{4}=\dfrac{1}{2}$，$|1+a+b|=\dfrac{1}{2}$　仮定 $0\leqq a<2$ を考慮して解けば $a=0$，$b=-\dfrac{1}{2}$　　答．$a=0$，$b=-\dfrac{1}{2}$，$u=\dfrac{1}{2}$

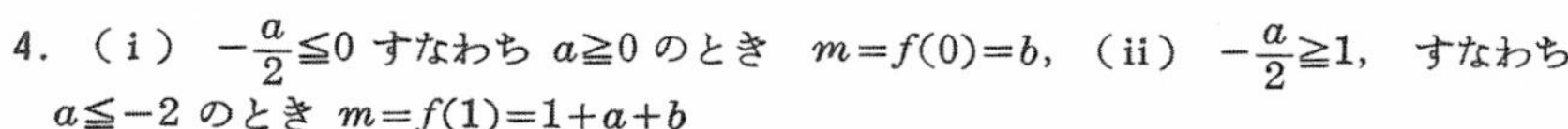

4．（i）$-\dfrac{a}{2}\leqq 0$ すなわち $a\geqq 0$ のとき　$m=f(0)=b$，（ii）$-\dfrac{a}{2}\geqq 1$，すなわち $a\leqq -2$ のとき $m=f(1)=1+a+b$

(iii) $0<-\dfrac{a}{2}<1$ すなわち $-2<a<0$ のとき $m=f\left(-\dfrac{a}{2}\right)=b-\dfrac{a^2}{4}$

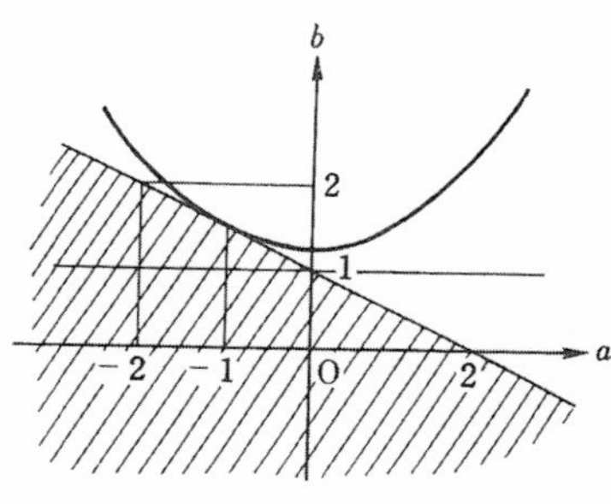

（i）のとき $m=1$，（ii）のとき $m=1$，(iii)のとき m が最大になるのは，放物線 $b=\dfrac{a^2}{4}+m$ と直線 $a+2b=2$ が接するときで $m=\dfrac{5}{4}$，よって，このときの a,b の値 $a=-1$，$b=\dfrac{3}{2}$ が求める値である．

答　$a=-1$，$b=\dfrac{3}{2}$．

著者紹介：

石谷　茂（いしたに・しげる）

大阪大学理学部数学科卒

主　書　教科書にない高校数学
初めて学ぶトポロジー
大学入試　新作数学問題 100 選
∀と∃に泣く
ε－δ に泣く
Max と Min に泣く
Dim と Rank に泣く
2 次行列のすべて
入門入門群論
エレガントな入試問題解法集　上・下　（以上 現代数学社）

数学の本質をさぐる 3　関数の代数的処理・古典整数論

2021 年 3 月 24 日　初版第 1 刷発行

著　者　石谷　茂

発行者　富田　淳

発行所　株式会社　現代数学社
〒 606－8425 京都市左京区鹿ヶ谷西寺ノ前町 1
TEL 075 (751) 0727　FAX 075 (744) 0906
https://www.gensu.co.jp/

装　幀　中西真一（株式会社 CANVAS）

印刷・製本　有限会社ニシダ印刷製本

ISBN 978-4-7687-0555-1　2021 Printed in Japan